空间能力研究与教育启示

王 琳 著

中国纺织出版社有限公司

图书在版编目（CIP）数据

空间能力研究与教育启示 / 王琳著 . -- 北京：中国纺织出版社有限公司，2023.4（2024.8 重印）
ISBN 978-7-5229-0510-5

Ⅰ.①空… Ⅱ.①王… Ⅲ.①空间-能力-研究②素质教育-研究 Ⅳ.①B848.2②G40-012

中国国家版本馆 CIP 数据核字（2023）第 066412 号

责任编辑：张　宏　　责任校对：高　涵　　责任印制：储志伟

中国纺织出版社有限公司出版发行
地址：北京市朝阳区百子湾东里 A407 号楼　邮政编码：100124
销售电话：010—67004422　传真：010—87155801
http://www.c-textilep.com
中国纺织出版社天猫旗舰店
官方微博 http://weibo.com/2119887771
北京虎彩文化传播有限公司印刷　各地新华书店经销
2023 年 4 月第 1 版　2024 年 8 月第 2 次印刷
开本：710×1000　1/16　印张：13
字数：205 千字　定价：98.00 元

凡购本书，如有缺页、倒页、脱页，由本社图书营销中心调换

前言/Preface

　　《空间能力研究与教育启示》这本书的写作动机有两个：第一个写作动机是对博士期间常常困扰于心的科学问题的回应：人类是如何认识周围空间的？这涉及人类空间能力的认知和神经科学机制，属于一个寻找、发现科学机制和原理解释的基础科学研究。对人类和动物的这种空间能力是否能够类比以及如何将动物的空间认知和神经生理研究成果推演并用于解释人类空间认知和神经生理研究中，是我感到非常困扰的一个科学难题。因为科学伦理和科学规范，人类的研究无法通过直接损伤和破坏的方法探究人类空间活动过程和其内在认知神经机制的因果关系，因此对于很多研究中将动物研究成果直接用于解释人类研究的做法，一直持怀疑和批判态度，科学研究需要对人类空间能力在物种发展中的共同性和独特性有充分的认识并作出科学可靠的解释。所以本书希望能回答自己一直以来的困惑：人类空间能力的本质是什么？

　　第二个写作动机是对工作期间教育教学实践的探索：儿童的空间能力如何培养？这涉及人类空间能力的发展和教育塑造，属于一个探索、创新教育实践和人才培养模式的应用实践研究。人类的空间能力是如何发展的？这种空间能力与人才的全面发展有何关系？如何创造条件促进这种空间能力的发展？这些问题是当前教育领域关注的热点问题，也是我博士研究的进一步追问。在《深化儿童发展与学校改革的关系研究》中叶澜提到："成人世界和儿童世界之间是否存在转化的通道，如何转化、转化的核心问题是什么、在神经系统中如何发生等一系列问题都要求我们放到生境中去作深度研究。"当我们把空间能力的基础科学研究成果放到教育实践和应用领域中就会发现，人类空间能力的发生、变异、表征和可塑性四个基本议题是极为关键的，受

· 1 ·

到了来自心理学、神经科学、计算机科学、学习科学、生命科学、教育学等不同领域研究者的广泛关注，成为这些学科领域交叉的教育神经科学中聚焦的研究热点，为未来空间能力的研究指明了方向。

因此，本书从人类空间能力的科学理论和教育实践两方面进行研究，理解人类空间能力发展的本质并通过教育来提高空间能力是本书研究的重要课题和根本任务。通过对人类空间能力的研究价值和研究体系进行分析，并对人类空间能力在种系形成、个体发展、表征机制的科学研究进行梳理，以探讨人类的空间能力研究对当前我国教育的启示。第一、第二章是本书的导论，旨在阐明本书的研究缘起，介绍空间能力的研究价值和研究体系。分别回答两个问题：一是为什么要研究空间能力？二是空间能力研究什么？第一章以能力与教育的关系作为切入点，提出了空间能力在当前教育的重要地位。第二章介绍空间能力的研究体系，包括其研究对象、研究问题、研究方法和研究进展等。第三~第五章是本书的认识论，旨在提供本书的认识论基础，介绍空间能力的发生、发展和变化。分别回答三个问题：一是空间能力如何形成？二是空间能力如何发展？三是空间能力如何变异？第三章和第四章分别对人类空间能力的物种发生和个体发展进行详细介绍，第五章对人类空间能力发展的个体差异进行专门论述。这些研究帮助我们更好地认识人类群体层面和个体层面的空间能力是如何获得和变化的，为提高学生空间能力相关的教育研究和教育实践提供认识基础。第六、第七章是本书的本体论，介绍空间能力的本质，回答两个问题：一是人类空间能力的认知表征和加工机制是怎样的？二是人类空间能力的神经基础和神经活动规律有哪些？第七章和第八章分别对人类空间能力的认知机制和神经系统机制进行详细介绍，为提高学生的空间能力相关的教育研究和教育实践提供认识神经生理的科学基础。第八章是本书的结论，旨在提供本书的实践论，介绍空间能力的培养实践，回答空间能力培养、如何培养这一实践问题，为提高学生的空间能力提供具体策略、建议和措施。

本书是我在心理学领域二十年学习和工作的收获，也是对心理学研究和生活的回顾。同时，也弥补了博士期间萦绕心头的一些未解难题的遗憾，是对导师王亮老师在学术路上指引的感谢，实现了多年的夙愿。感谢多年来老师、朋友和同事的鼓励和帮助，感谢我的家人对我学习、研究和生活的照顾和支持。书中的不足之处，请各位读者不吝提出指正和批评的宝贵意见。

著者

2022 年 9 月

目录 / Contents

第一章　能力与教育 ································· 1

　　第一节　能力 ····································· 1
　　第二节　能力的分类 ······························· 10
　　第三节　能力与教育 ······························· 15

第二章　空间能力 ··································· 31

　　第一节　空间能力的提出 ··························· 31
　　第二节　空间能力的体系 ··························· 36
　　第三节　空间能力的特性 ··························· 53

第三章　空间能力的发生学研究 ······················· 63

　　第一节　不同物种空间能力的发生 ··················· 63
　　第二节　人类空间能力的发生 ······················· 81

第四章　空间能力的共性发展研究 ····················· 95

　　第一节　空间方位的共性发展 ······················· 95
　　第二节　空间形体的共性发展 ······················· 104
　　第三节　空间语言的共性发展 ······················· 109

第五章 空间能力的发展差异 ············ 115

第一节 空间能力发展的个体差异 ············ 115
第二节 空间能力发展的性别差异 ············ 124
第三节 空间能力发展的策略差异 ············ 127
第四节 空间能力发展差异的研究展望 ········ 131

第六章 空间能力的认知研究 ············ 135

第一节 空间能力的认知结构 ············ 135
第二节 空间能力的加工过程 ············ 144
第三节 空间能力的认知策略 ············ 153

第七章 空间能力的神经系统研究 ············ 165

第一节 空间能力的神经结构 ············ 165
第二节 空间能力的神经活动 ············ 174

第八章 空间能力教育启示 ············ 183

第一节 空间能力培养的研究价值 ············ 183
第二节 空间能力培养与教育神经科学 ········ 185
第三节 空间能力培养的研究展望 ············ 191

参考文献 ············ 199

第一章 能力与教育

说到天才，古今中外的人类文明的发展离不开这些天才的贡献，他们仿若天上的繁星一样照亮人类文明前进的道路，然而被全世界所公认的天才却寥寥无几。达·芬奇作为整个欧洲文艺复兴时期的代表人物之一，被现代人称为文艺复兴时期最完美的代表，是人类历史上绝无仅有的天才。他的天才体现在多个领域杰出的超乎常人的能力。他的代表作《蒙娜丽莎的微笑》，集中体现了他在绘画、几何学、光学、生物解剖学的艺术和科学研究能力。而他在音乐、建筑、数学、天文学、气象学、物理学和土木工程等领域的卓越成就和发明创造几乎无所不有，甚至这些想法和设计比现代科技都要早几个世纪。爱因斯坦曾认为，如果达·芬奇的科研成果在当时发表的话，科技水平可以提前半个世纪之久。达·芬奇是如何成为天才的？如何在艺术、科学、工程等各个领域中形成如此高度发达的能力？要回答上述两个问题，首先应解决的问题是，能力究竟是什么？

第一节 能力

能力是个体顺利地完成某些活动所必须的并且直接影响活动效率的个性心理特征。关于能力的理解需要区分两个关系：一个是能力与活动的关系，另一个是能力与个性特征的关系。其一，能力与活动紧密相关。个体的某项能力是其从事某个特定活动所必须的，且对该活动有直接影响。比如，如果个体不具备语言能力，无法进行语言理解，也不能用语言表达，他将无法与他人进行正常的语言交流活动。并且，个体的语言能力必然要通过语言活动才能显现出来。个体的语言能力将直接影响其在演讲、写作、阅读等语言相关的活动的表现。如果没有相关的语言活动，我们就无从知晓个体是否具有一定的语言能力以及这种语言能力的水平究竟如何。其二，能力是一种个性特征。个体在活动中常常表现出来不同的心理特性。在这些心理特性中，有些是暂时的、偶然出现的，而有些是稳固的、经常出现的，其中那些稳固而经常出现的心理特性被称为个性心理特性或个性，能力便是一种个性心理特征。

那么人类的能力作为一种与活动密切相关的个性特征，是如何影响个体在活动中的表现的？这需要我们理解人类能力的本质。

一、能力的实质

（一）能力的理解

能力的实质需要从三个层面来准确把握。

首先，人类的能力在原则上属于人类个体的经验范畴。从辩证唯物主义的角度来看，一切个体的心理活动和心理现象都是在个体作为主体和客观存在作为客体的相互作用过程中，并且在反映客观现实的基础上发生的，这种对所谓客观存在的反映的产物，就称为主体的经验。人类经验的存在形式是存在于人脑中关于客观现实的主观表征，因此人类的能力作为个体心理特性是其在环境中生产和活动的产物，属于个体的经验。从这个意义上来说，关于能力的经验论的观点，在原则上是可取的。但是，能力并不仅仅混同于知识，将能力等同于知识是把能力的实质简单化的观点，不足以说明能力的本质。

其次，能力能够直接调控个体的活动。就能力的作用来说，能力作为个体心理特性，同其他个体心理特性是有区别的，比如"性格"。能力是一种特定的个体心理特性，它的作用表现为对个体活动进程以及活动方式起直接调节作用和控制作用，它与其他的个体心理特性的作用是不同的。作为个体心理特性的性格，虽然也属于经验范畴内的存在，但性格的作用在于制约个体活动的倾向，并为个体活动提供动力背景，对个体活动的进程以及活动方式并无直接的调节作用和支配作用。因此，性格只是能力形成、发展的内在条件，不是能力本身的构成要素，更不能与能力相混同。为了将能力与性格相区别，可以把能力限定为对活动的进程及方式起直接调控作用的那些个体经验。

最后，能力只有是网络化和类化了的经验才能够稳定地调节个体活动。作为能力本质的那些个体经验还应具备对活动的进程及方式起稳定调节作用。

这意味着个体的某项能力能够稳定地调节该项活动,这种能力并不是暂时地出现在某个情境中的、对个体的活动及其进程进行调节的心理因素和心理特性。比如,语言能力能够稳定地调节个体的语言活动,包括阅读、写作、演讲,而不仅仅是暂时地调节某次阅读、写作或者演讲。不同情境的适用性体现了能力这一个体心理特性的意义。换言之,个体心理特性的调节作用是经常的、一贯的、适用于不同情境中的,能力的这种个体心理特性能够从一个情境抽象地迁移到另一个情境中。为此,作为能力本质的个体经验,必须是系统化、概括化了的那些个体经验,只有这样的经验才能对活动具有稳定的调节作用。

(二) 能力与活动

从上文对能力的阐述中,我们发现对能力的理解离不开对活动的描述。能力为何离不开活动呢?简而言之,这是因为活动在知识技能内化过程中的桥梁性作用,活动构成了心理特别是人的意识发生、发展的基础。

活动的研究起源于康德与黑格尔的古典哲学,形成于马克思辩证唯物主义,被维果斯基提出,成熟于苏联心理学家列昂捷夫与鲁利亚,是社会文化活动与社会历史的研究成果。列昂捷夫认为,自觉的活动是个体在一定条件下,从满足一定的需要和实现一定的目标出发,采取一系列动作,作用于活动对象,使对象发生合乎目标变化的过程。

从系统论的角度来看,活动可以看作一个系统,表现为个体与周围环境共同构成的系统进行信息交互的过程。可以说是主体为了满足一定的需要,实现某种目标,而做出的一系列动作过程。活动有目的性。活动和动作都是以实现预定目的为特征的,但是动作受单一目的的制约,而活动则受一种完整的目的和动机系统的制约。活动是由一系列动作构成的系统。

在心理学领域,活动是指由共同目的联合起来并完成一定社会职能的动作的总和。活动由目的、动机、动作和共同性构成,具有完整的结构系统。人类活动的两个特点是对象性和社会性。

第一,人类活动总要指向一定的对象。离开对象的活动是不存在的。活动总是由人类的自身需要来推动的,人类通过活动改变客体使其满足自身的需要。人类活动的对象有两种,包括制约活动的客观事物和调节活动的客观事物的心理映象。人类对客观现实的积极反映、主体与客体的关系都是通过活动而实现的。在活动过程中主客体之间发生相互转化，通过活动客体转化为主观映象，而主观映象也是通过活动才转化为客观产物的。人类的心理是在活动中形成和发展起来的。通过活动，人类个体认识了周围世界，形成各种个性品质；相对地，活动本身又受人类个体的心理调节。这种调节具有不同的水平。肌肉的强度、运动的节律是在感觉和知觉水平上进行的调节，而解决思维问题的活动则是在概念水平上进行的调节。活动可以分为外部活动和内部活动。从发生的观点来看，外部活动是原初的，内部活动起源于外部活动，是外部活动内化的结果。内部活动又通过外部活动而外化。这两种活动具有共同的结构，可以相互过渡。

第二，人类活动的社会性表现为，人类个体不同发展阶段的活动都离不开特定的社会关系。人类活动的基本形式有三种：游戏、学习和劳动。这三种形式的活动在人类个体不同发展阶段起着不同的作用，其中有一种起着主导作用。例如，在学龄前，儿童的主导活动是游戏；到了学龄期，游戏活动便逐步为学习活动所取代；到了成人期，劳动便成为主导活动。

综上所述，能力的实质必须具备对活动的进程及方式起稳定的调节作用，它必须是系统化、概括化的那些个体经验，即一种类化的网络型的经验结构。

二、能力的特性

在知道能力是什么之后，我们来看能力具有哪些基本特性。基于能力对活动的调节及其所依赖的基本要素分析，可以将能力的特性归纳为调节性、结构性、过程性和稳定性。下文依次展开论述。

（一）能力对活动的调节性

能力作为一种系统化和网络化的经验结构，必然能够对活动进程及其方式具有稳定的调节功能。因此可以预测，这种经验结构的基本构成要素将必然在活动中内化地形成和发展，也必然在活动外显地得以体现。因此理解个体能力的构成要素，首先需要理解个体的活动是如何产生和发展变化的。

1. 活动的控制特性

活动本身是一个系统，因此作为系统的活动将必然表现出系统的特性——控制，即个体的活动将必然存在控制特性。这种控制特性表现在三个相互联系和相互制约的环节：定向、执行和反馈。

第一，定向环节。所谓活动的定向主要是确定活动方向，明确活动做什么和具体怎么做。活动定向的主要内容是依据活动的需要与活动的对象和条件，确定活动的目标以及制订达到目标的动作程序计划。这种定向依赖活动过程包含两个要素：活动的需要目标，活动的对象条件。分别体现了活动系统的两个特性：主体性和对象性。活动一定是基于活动主体的需要和目标而产生的，因此活动的需要和目标成为整个系统的动力，体现了活动的主体性；而活动的对象和条件表现出活动系统的对象性。

第二，执行环节。执行指的是活动主体基于实现动作的程序而做出相应的动作活动。当主体在定向环节确定了活动方向后，就需要把已经确定了的动作程序按要求付诸实施。这一环节的完成依赖特定动作的程序计划以及动作程序计划的两个执行要素，这体现了活动的操作性。

第三，反馈环节。这一环节反映了个体对活动结果的评估，个体要把活动的实际结果与确定的目标相对照，以及不断地以对象的变化与确定的动作程序的要求相对照，并以对照的情况不断调整定向内容和执行动作。反馈信息主要是根据对照情况对活动进行调节，确定活动动作是否需要调整，决定活动是否需要继续。这种主体在活动中将活动结果与预定目标的对照，表现了活动的目的性。

活动的进行以及是否继续始终依赖于活动系统的调节和控制功能。这种对活动的调节控制功能，作用于活动的始终，贯穿于活动的定向环节、执行环节和反馈环节之中。值得注意的是，个体活动的进行和持续不仅受制于活动发生赖以进行的客观条件，还会受到主体内部关于活动的自我调节系统的控制。主体内部的这种自我调节机制，恰恰就是能力作为一种主体的心理特性对活动进程和活动效果的调节功能的表现。

2. 能力对活动的调节

那么个体的能力对活动的调节是如何进行的？个体能力对活动的调节作用在活动中集中表现为两个方面，即活动的定向方面与动作的控制执行方面。这两种功能可以分别称为活动的定向功能与控制执行功能。它们的特点和作用分别为以下两点。

第一，定向功能，即活动的自我调节机制必须实现活动的定向，完成活动的定向任务。

第二，控制执行功能，即活动的自我调节机制必须实现活动动作的执行，完成对活动的控制任务。

个体能力能够对活动进行控制，无论是决定活动方向还是进行控制执行过程，都是通过什么来完成的呢？这便是能力的结构。对应于能力在活动中的定向和控制执行两种调节功能，能力的结构要素分别表现为知识和技能，这便是能力的结构性：知识和技能。

(二) 能力的结构性

1. 知识

知识是客观事物的主观表征。所谓知识，是人类对事物属性和联系的能动反映，是客观现实在人脑中的主观映象。人类的知识通常可以分为感性知识与理性知识两类。感性知识反映特殊事物的外表特征与外部联系；理性知识反映一类事物的本质特征与内在联系。任何知识，就其起源来说，都是人脑对客观现实反映的产物，是个体对客观事物的认知经验。

知识作为一种个体经验是活动的产物。但是，知识决不仅仅是伴随某个活动发生，而对随后的活动不发生作用的副现象。事实表明，人们一旦有了知识，则此知识就参与随后有关活动的调节并指导随后的活动。从这个意义上来说，知识乃是人们活动的定向工具。知识是活动的定向工具，表现在以下两点：知识能够确定活动目标，知识能够辨认活动性质和确定活动程序。

首先，个体活动目标的确定依赖于个体的知识结构。任何活动总有一定的方向。活动的方向为活动的目标所指引。为此，确定活动目标，是实现活动定向中不可缺少的一个环节。活动目标的确定，必须对当时作为活动条件的情境进行辨认和分析，并预测其各种变化的可能性。否则，就不能确定明确的目标，也就不可能有确定的活动。个体对活动情境的辨认和分析以及情境中各种变化的预测和判断，必须以个体相关知识为依据，这是知识对活动的定向作用之一。比如，一只小猫曾经被火烫过，那么在之前活动中，小猫就获得了在日常活动中，碰到火出现的情境时如何应对火的相关经验和知识。当小猫遇到了火出现的情境时，是靠近火还是远离火，将依赖小猫对靠近火和远离火的结果预期。如果小猫能够利用已有的经验，比如，距离火太近会被烫伤，则会决定其远离火的活动方向。

其次，个体活动性质的辨认和活动程序的确定依赖于个体的知识结构。

任何活动往往都是通过一系列的动作作用于一定的对象，从而使对象发生合乎目标要求的变化而实现的。而对象的变化又受一定的活动性质所制约。因此，必须依据活动对象的属性及其同活动条件相互作用的特点来辨认活动性质，从而确定活动程度，即确定活动过程的动作和动作顺序的选择。由此，活动的定向环节，除了要完成确定目标的任务以外，同时还包括活动性质的辨认和活动程序的确定。还是以小猫面对火这样的情境为例来说明知识和活动的这种关系。如果小猫是在冬天气温特别冷的情况下，此时小猫的活动要求或者活动任务是取暖，它的活动性质和活动程序都受制于这一任务要求，小猫可能会采取运动的方式取暖；如果环境温度过低，小猫发现运动这一活动程序无效后，小猫可能会选择靠近火并保持适度的距离来取暖。反之，如果是在夏天气温很高的情况下，小猫的活动不存在取暖这一诉求，它将不会选择靠近火这一动作程序。这个例子中，小猫在不同气候（包括寒冷气候和温暖气候下）的活动性质、应对方式和活动程序的选择和活动结果的知识都对活动方向具有决定作用。活动性质的辨认和活动程序的确定，除了需要有关对象属性以及有关动作方面的知识以外，还需要有关动作对象及其在动作作用下可能变化的知识，否则就不可能解决确定活动性质和活动程序等问题。这是知识对活动的又一个定向作用。

由于知识是活动的定向工具，因而也就不能把知识因素排除在活动调节机制以外。知识因素是活动的自我调节机制不可缺少的构成要素之一，因而也是能力基本结构中不可缺少的组成部分。

2. 技能

技能是个体通过学习而获得的一种动作经验，是个体有关合乎客观法则要求的活动方式本身的动作执行经验。所谓合乎客观法则要求的活动方式，是指活动动作的构成要素及其执行顺序，应体现活动本身的客观法则的要求，而不是随意的。只有合乎客观法则要求的活动方式，才能对活动本身具有广泛的自我调节功能。虽然技能和知识都是个体经验，但属于两种不同的个体经验。技能作为活动的方式，有时表现为个体的操作活动方式，有时表现为个体的心智活动方式。因此，按活动方式不同，技能可分为操作技能和心智技能。操作技能是控制操作活动动作的执行经验，是由外显的机体运动来实现的，其动作对象为物质性的客体，即"物体"；心智技能是控制心智活动动作的执行经验，通常是借助于内潜的、头脑内部的内部言语来实现的，其动作对象为事物的表征，即"观念"。由此可见，操作技能和心智技能的形成及作用方面有着不同的特点。操作技能的形成，依赖于机体运动的反馈传入信息；心智技能则依赖于操作活动模式的内化才能形成。操作技能的作用，在于控制操作动作的执行；心智技能的作用，在于控制心智动作的执行。总之，操作技能和心智技能是两种完全不同的技能。

技能对个体活动的自我调节功能，主要在个体活动的控制执行环节中体现。前文已经论述过，个体在活动的定向环节中，知识能够用于确定活动的目标和性质，以及确定主体皆以达到活动目标的动作程序。在活动的定向环节中基于特定的知识结构所确定的动作程序，仅仅是活动的一种计划。这种确定了活动的计划只有在活动的控制执行环节中付诸实施时，才能使动作对象在活动动作的作用下，发生合乎要求的变化。可见，在活动的控制执行环节中，技能对活动动作的控制调节作用，直接影响到活动的进行以及活动目标的实现。从这个意义上来说，个体技能对活动的调节作用，是指对动作执行的控制。这种控制作用主要表现在两个方面，动作执行顺序的控制和动作执行方式的控制。

首先，个体活动中的动作执行顺序的控制依赖于个体的技能。动作的执行顺序指的是个体必须解决先完成什么动作、后完成什么动作的问题。由于动作的执行顺序反映了动作对象相继变化的要求，因而这种动作顺序必须在执行中得到控制，保证按预定的程序计划进行，才能确保活动目标的实现。要使动作顺序在执行环节中得到控制，则必须在人类个体的内部建立起一个特定的结构，即前一动作的结束引起后一动作发生的动作经验的链索。而技能作为合乎法则的活动方式，其本身的存在形式，就是一种链索型的动作经验。因此借助于技能，就能使动作的顺序在执行环节中得到直接的控制。这是技能对活动的调节控制作用之一。

其次，个体活动中的每个动作执行方式的控制依赖于个体的技能。在操作活动中，表现为控制动作的方向、幅度、强度、频率与速度等，使其符合法则的要求；在心智活动中，则表现为按法则要求，控制各种心智动作对于各种信息（动作对象）的处理方式及变换方式。所有这些，都必须具有足够的动作经验，才能在执行环节中确保完成，体现了技能对活动的调节控制作用。由于技能直接控制活动动作程序的执行，因此技能是活动自我调节机制的又一个组成要素，也是能力结构的基本组成部分。

3. 知识与技能的关系

依据以上关于活动的调节机制的分析，可以确认知识与技能在活动的自我调节机制中的关系，它们都是活动自我调节机制中不可缺少的组成因素。知识因素和技能因素在活动自我调节中的关系可以从两个方面来看。

首先，知识因素与技能因素在活动的自我调节中，各有独特的作用。知识因素主要在活动的定向环节中发挥作用；而技能因素主要在活动的执行环节中起控制活动程序执行的作用，使其按照合乎法则的要求来执行活动方式。知识和技能两者在活动自我调节中，不能相互替代，更不能缺漏。

其次，知识因素与技能因素在活动的自我调节系统中又相互联系和制约。知识因素制约、引导活动如何进行，影响着活动方式的选择和活动程序的确定；技能因素又制约、引导活动生成。二者使活动的自我调节功能在活动进程中，和谐地得以体现，保证活动顺利开展。

综上所述，知识和技能是活动自我调节机制的组成部分，也是能力结构的基本构成要素。因此，作为个体心理特征的能力的实质，乃是由知识和技能构成的一种个体经验。如果缺乏必要的知识与技能，则活动的定向和执行就不可能实现，也就不可能进行相应的活动，也就不存在相应的能力。把知识与技能排除在能力之外，就难以对活动的调节机制作出确切的解释，就难以摆脱能力实质问题上的先验论观点。

（三）能力的稳定性

在理解能力的本质后，可以确定能力是一种经验本性。那么具有经验本性的能力对活动的调节作用是暂时的、个别的还是持久的、普遍的？这便涉及到能力的稳定性。由于活动具有系统的特性，即控制性，那么作为一个稳态系统的活动要求，能力也具有稳态的特性，即稳定性。具体分析如下。

能力作为经验本性的第一层含义是，能力是个体类化了的一般知识及技能的个体经验，这是通过对能力的实质和结构要素分析已得出的结论。所有知识都是人们对客观事物认识的产物，因而可以叫作认知经验。人们对这些客观事物的认识既可以是对外界环境的事物的认识，也可以是对主体内在感受和体验的认识。因此人们的认知经验是关于主体内外的各项事物和活动对象的性质及存在形式的反映。这种经验相对于其他经验来说，可以有条件地称为客体或对象经验。而所有技能是人类个体动作的主观产物，是动作经验。

这些动作经验来自活动的主体并且依存于主体，因而技能是一种主体经验。

能力作为经验本性的第二层含义是，能力是一种稳定的个体心理特性，对于人类个体的活动具有一贯的调节作用，否则就不能称为个体特性。因此，能力的机制必然是一种稳定性机制。这种稳定性表现在能力具有广泛的适应性，且能够一贯地发挥调节作用。这就要求这种能力的知识经验和技能经验必须是概括化与系统化的，不仅要分门别类对应于具体的不同的活动情境，同时还要相互连通地统一于个体深层的抽象经验。因此个体的所有经验之间构成了一个能够相互贯通且纵横相联的网络型和类化的经验结构。这种网络化与类化的经验结构的形成过程，就是能力的形成过程。

（四）能力的过程性

依据上述能力的经验本性的分析，可以将能力的形成过程分为两个彼此相联的过程。

1. 知识经验和动作经验的习得

能力并非人类个体生而有之的生理结构，而是在后天生活过程中，通过学习而形成的心理结构，即个体经验结构。个体的知识经验需要通过知识学习而得来，个体的动作经验必须通过技能学习得来。作为能力构成要素的知识和技能的获得是能力形成所必不可少的环节。

2. 知识经验和动作经验的迁移

在个体习得知识和动作经验的基础上，要对其进行整合和类化，这是通过个体在不同情境中对习得经验的迁移而完成的。也就是说，作为能力的个体类化经验结构是通过个体在学习的迁移过程中最终完成的。学习的迁移，实质就是经验的整合过程，是个体将不同时间、不同地点、不同情境中获得的点滴经验，进行整体组合，从而形成一体化的各方面互相沟通的网络型结构，这样作为结果的经验结构才能形成。

因此可以看出，能力并非先天就有，需要先天和后天环境的作用而生成，使得能力表现出了过程性的特点。

第二节 能力的分类

为了理解能力的分类，研究者常常对能力的结构进行研究以区分不同的能力。但是在这之前,有必要区分能力和智力,这是因为很多学者对能力这个术语的使用经常与智力发生混淆。

一、智力与能力

关于智力,研究者将智力看作是人的一种综合认知能力,包括观察力、记忆力、抽象思维能力、想象能力等。相对于智力多表现在人的认知学习方面而言,能力的涵义更为广泛。能力可以在多个方面都有所表现,既可以表现在肢体或动作方面的能力,比如,运动员、舞蹈艺术家需要的身体运动能力;也可以表现在人际关系方面即交际的能力,比如,外交家和社会活动者需要的人际交往能力;还可以表现在处理事件方面的才能等,比如,政治家和企业家需要的政治管理和社会管理能力。

在有关智力和能力的理解中,很多人都存在着这样一个误区,那就是他们认为智力就是能力或者智力反映了能力。比如,一个人智力高,就说明这个人的能力高;反之,一个人的智力低,就说明其能力也低。然而,智力与能力是有区别的,如何对智力与能力进行区分呢?严格来说,二者在概念范畴、本质特性和对个体日常生活的影响方面都大不相同。

第一,智力与能力的范畴大小不同。智力是指在人们头脑里进行的正确认识和迅速判断的水平高低,特别是在问题解决中所表现出现的创造、想象和思维等综合运用水平。而能力是指人们在适应环境和改造环境的实践活动中的水平高低。可以说,智力属于一种心理活动,智力水平高低更多反映在心理活动中;而能力属于实践活动,能力水平高低更多反映在广泛的生活实践活动中。可见,能力的概念范围比智力要大,能力包含了人的整体功能,而智力更多偏重于与认知相关的脑功能。

第二,智力与能力的本质特性不同。智力是通过观察、分析和设想等心理活动过程中显示出的可贵的心理品质,来反映人们具有的聪明、智慧的水平。能力是通过知识、技能和才干表示人们顺利地,甚至创造性地完成某项具体工作的本领。不同个体中这种能力的完备是有所不同的,因此能力具有广泛的个体差异。可以说,智力主要是在于获得知识、技能的动态方面,而能力更多的表现在知识本身的积累或技能的熟练方面。

第三,智力与能力的作用影响不同。智力表现为个体对复杂事物的认识和领悟性，以及个体在分析和解决疑难问题的正确度、速度和完善度方面，对个体的认识活动和创造活动方面有特色重要影响。而能力则是在完成某些活动中所具备的一般能力以及特殊能力方面，强调了个体的生活普遍影响。智力是指认识方面的各种能力，即观察力、记忆力、思维能力和想象能力的综合，其核心成分是抽象思维能力，个体的智力高，其突出表现是感知觉敏锐、记忆力强、思维灵活、分析推理和创造精神等多种良好的心理品质。可见，智力对于科学发明创造是非常关键的，能力则是人们的日常生活需要具备的。

但是在具体研究中，大多数关于能力研究的中心主要是对智力进行研究，所以当我们对能力的内容和结构进行研究时，往往说的是智力结构说。归纳能力结构多种模型理论，具有代表性的主要有能力的因素理论、能力的结构理论、能力的信息加工理论三种学说，每一种学说都有不同观点。随着人类社会的不断发展，每一种理论又有一定的局限性和适用性。

二、能力理论

研究者对能力进行了大量研究，本部分主要介绍能力因素说、能力结构说和能力信息加工说三大类。

（一）能力因素说

能力因素说是研究能力构成要素的学说。主要有桑代克的独立因素说、斯皮尔曼的二因素说、加德纳的多元能力理论等。

1. 桑代克的独立因素说

美国心理学家桑代克曾对能力做过系统的描述。在他看来，人的能力是由许多独立的成分或因素构成的。不同能力和不同因素是彼此没有关系的，能力的发展只是单个能力独立的发展。这种学说很快受到人们的批评。心理学家们很快发现，当人们完成不同的认知作业时，他们所得到的成绩具有明显的相关，这说明各种能力并不是完全独立的。

2. 斯皮尔曼的二因素说

一般能力和特殊能力理论是因素说理论中有代表性的一种，最早是由斯皮尔曼提出的。斯皮尔曼为了说明能力的本质提出了二因素论，G因素和S因素。他认为各种不同的能力包括着一种共同的因素——G因素——称为一般能力，是指人们顺利完成各种活动所必备的基本心理能力，如注意力、观察力、记忆力、想象力、思维力等。除了 G 因素，不同的能力包含着各种不同的特殊因素——S 因素——称为特殊心理能力，是顺利完成某种特殊活动所必备的心理能力。例如，学生的数学能力就是一种特殊的心理能力，它是个体顺利完成数学活动所必备的。

3. 加德纳的多元能力理论

多元能力理论是由美国心理学家加德纳在对脑损伤病人的研究及对智力特殊群体的分析基础之上提出。人类的神经系统经过 100 多万年的演变，已经形成了互不相干的多种智力。加德纳认为，人类能力的内涵是多元的，它由七种相对独立的能力成分所构成。这七种能力行为包括：

语言能力，指个体运用言语思维，用语言表达和欣赏语言作品深层内涵的能力，如词汇、计算方面的能力。该能力的杰出人物包括作家、诗人等。

逻辑—数学能力，指计算、量化、思考命题和假设，并进行复杂数学运算的能力，如词汇、计算方面的能力。该能力的杰出人物包括科学家、数学家等。

身体—运动能力，指能巧妙地操纵物体和调整自己身体动作的技能，如支配肢体完成精密作业的能力。该能力的杰出人物包括运动员、舞蹈家。

空间能力，指人们利用三维空间进行思维的能力，如认识环境、辨别方向、空间巡航的能力。这种能力的杰出人物包括航海家、飞行员、画家和建筑师。

音乐能力，指人敏锐地感知音调、旋律、节奏和音乐等能力，如声音的辨别与旋律表达的能力。这种能力的杰出人物包括作曲家、指挥家、乐师、音乐评价家、制造乐器和善于领悟音乐的听众。

人际关系能力，指能够有效地理解别人和与人交往的能力，包括与人交往且能和睦相处的能力，比如理解别人的行为、动机或情绪等。这种能力的杰出人物包括教师、社会工作者、演员、政治家。

自我认识能力，指关于建立正确的自我知觉并善于用其来计划和指导自己人生的能力，包括认识自己并选择自己生活方向的能力以及"认识自然的智力"。这种能力的杰出人物包括神学家、心理学家和哲学家。

这七种智力中，每种智力都是一个单独的功能系统。这些系统可以相互作用，产生外显的智力行为。

(二) 能力结构说

能力结构说理论主要有吉尔福特的立体结构说、阜南的层次结构理论。

1. 吉尔福特的立体结构说

美国心理学家吉尔福特于 20 世纪 60 年代提出三维结构模型。该模型将一切能力活动所共有的操作方式、操作内容和操作产品作为能力的三个维度，并把这三个维度作为长、宽、高构成一个能力的三维立体结构模型。在这个模型中，三个维度是操作的方式、内容和产物。其中，操作方式指能力活动的过程，是由上述种种对象或材料引起的，包括认知、记忆、发散思维、聚合思维和评价；操作内容包括听觉、视觉、符号、语义、行为，它们是能力活动的对象或材料；操作产品是指运用上述能力操作所得到的结果，包括单元、分类、关系、转换、系统和应用。由于三个维度的多种组合形式的存在，人的能力可以在理论上区分为 5×5×6 = 150 种，不同的能力可以用不同的测验来检验。三维结构理论同时考虑到能力活动的内容、过程和产品，对能力测验工作起到了推动作用。

2. 阜南的层次结构理论

英国心理学家阜南继承和发展了斯皮尔曼的二因素说，提出了能力的层次结构理论。他认为，能力的结构是按层次排列的。

能力的最高层次是一般因素，即斯皮尔曼的 G 因素。

能力的第二层次分两大群，即言语和教育方面的因素，与操作和机械方面的因素，叫大群因素。

能力的第三层次为小群因素，包括言语、数量、机械、信息、空间信息、动手操作等。

能力的第四层次为特殊因素，即各种各样的特殊能力。

可见，阜南的能力层次结构理论像生物分类学的分类系统那样来设想能力的结构。另外，有关于斯皮尔曼的二因素说中的一般智力，卡特尔根据能力在人的一生中的不同发展趋势以及能力对先天禀赋与社会文化因素的关系，将一般智力（G 因素）进一步分成流体智力和晶体智力两种。流体智力是指在信息加工和问题解决过程中所表现的能力，与个体的基本心理过程有关。流体智力主要受先天因素影响，多半不依赖于学习，如知觉、记忆、逻辑推理、信息加工速度等。晶体智力是经验的结晶，决定于后天的学习。晶体智力与社会文化有密切的关系,如词汇、计算方面的能力。

(三) 能力信息加工说

能力信息加工说主要有斯滕伯格的能力三元理论和戴斯的 PASS 模型等。斯滕伯格在他的三元能力理论中,主张能力是复杂的和多层面的,完整的能力理论应以主体的内部世界、现实的外部世界以及联系内外世界的主体经验这三个维度来分析和描述。这三个维度分别对应于个体能力的三个成分,内部构成的成分能力、现实生活情景中的情景能力和经验能力。戴斯的能力 PASS 模型认为能力包含三层认知系统:第一层是个体的注意—唤醒系统,它是整个信息加工系统的基础;第二层是个体对信息的编码—加工系统,处于信息加工系统的中间层次;第三层是个体的计划系统,处于整个系统的最高层次。三个系统协调合作,保证了一切智力活动的运行。

第三节 能力与教育

一、能力与教育的研究

目前对于个体的能力结构有各种各样的看法,提出了各种各样的结构框架。那么能力的不同结构成分是怎样建立的?所形成的结构又是怎样起作用的?这其中,斯皮尔曼的能力因素说在指导传统的学科教育实践中发挥了巨大的作用,各科有关能力的研究基本是依据这一能力的结构理论进行的。

对于一般能力而言,按照人类认知的一般规律和阶段,学校教育设定了一般能力在学科的表现和考查要求;然后根据各自学科的特点,提出了各个学科的能力要求。一般能力在学科的表现和考查要求包括:记忆、识别学科的基本知识,正确理解各种概念、原理和规律,应用基本理论解决实际问题,应用学科术语条理清楚、逻辑严密地进行文字表述。

对于特殊能力而言,各学科能力的要求体现了学科特点。如语文科考查了个体语言活动相关的能力,包括阅读理解能力、写作能力;数学科考查了学生数学领域的相关能力,运算能力、逻辑思维能力、空间想象能力;此外,物理科和化学科也考查学生的实验能力等。

但是事实是,个体在完成日常生活中的活动时极少只用到一个学科能力而无关于其他学科能力。并且，能力的不同结构成分往往不是孤立的，而是在相互关联中建立的，而且不同结构成分起作用的方式往往也不是孤立的。一般来讲，凡是为实现某一独特任务而专门组织起来的活动，都有它的横向结构和纵向结构，是一个多层次、多要素的活动系统。活动的横向结构表示出活动的总任务的多样性，即活动的总任务要经过完成若干项具体任务才能够最终实现。活动的纵向结构，表示出活动展开的有序性，即活动的具体任务要经过完成若干活动环节才能够最终完成。比如，在完成一道物理题时，活动横向结构表现为，物体解题任务的完成不仅需要个体运用物理学科的实验能力，同时可能还要借助数学学科能力才能完成，譬如数学运算能力和逻辑思维能力的单独使用或者组合使用；甚至对于涉及复杂生活实际情景的物理问题，还需语文科的阅读理解能力才能完成该任务。在这种情况下，对这一任务活动的完成，横向结构的分解包括了物理、数学和语文的各项结构成分。此外，活动横向结构表现为，任务的完成依赖于个体的语言阅读、物理实验、逻辑思维、数学运算能力的有序展开。在这种学科能力交互完成活动的背景下，整合并融合了科学（Science）、技术（Technology）、工程（Engineering）和数学（Mathematics）的跨学科 STEM 教育应运而生。

二、STEM 教育的研究

（一）STEM 教育的提出

基于研究者对 STEM "综合"课程的教育理解、教育资源和现实教育基础的不同，曾经有过不同的整合方式。

第一阶段：STEM 教育与科学教育。STEM 教育形成发展于科学教育。STEM 教育是科学教育改革的新思路，STEM 名称缩写以科学开头，这一缩写暗示了 STEM 教育中科学教育是最为重要和核心的部分。STEM 教育旨在学生综合素养的形成，科学素养又是综合素养的重要组成部分。可以说 STEM 教育形成发展于科学教育，科学教育是 STEM 教育形成和发展的基础。STEM 教育的兴起与发展可以理解为立足于科学教育的发展瓶颈、探寻科学教育的改革之路，借助哲学上系统的、联系的思维洞察理工科教育之间的普遍联系，以综合化、集成化的视野来促进科学教育事业的蓬勃发展。

第二阶段：STEM 教育与 STS 教育。在 STEM 教育的发展史中，STS 课程也曾引起研究者和教育者的关注。STS 课程以科学（Science）、技术（Technology）与社会（Society）之间的关系为教学的中心。STS 课程作为一门跨学科综合课程，试图融合科技教育来提高所有学生的科学素养。比如，加拿大安大略省也进行了积极的课程改革，在 2008 年 9 月正式施行新的科学技术标准。这一科学技术标准综合理解了科学、技术之间的交互联系，并将科学技术知识与技能的掌握紧密地与社会问题的解决策略进行了连接。该标准明确了学生将要发展的科学技能和知识，以及利用已有知识和技能做出有关科学决策的态度。

第三阶段：STEM 教育的形成。STEM 教育则从更为广阔的视野寻求科学、技术、工程与数学教育的融合，更加强调通过实践性的工程教育来整合 STEM 领域的学科内容，以提高学生的综合性 STEM 素养，STEM 课程突出对科学、技术、工程与数学的内容的整合。对比 STS 教育，STEM 教育在整合的力度上更大，对学生科学素养的要求也更高。STEM 教育的缩写中虽然没有社会 S 的部分，但是在课程内容上依然可以体现引导学生关注科学、技术、社会之间的关系，如探究性的实践内容都与学生的现实生活有关，并且融入了科技发展给生活产生的影响。

（二）STEM 教育的界定

STEM 是由美国弗吉尼亚科技大学学者 Yakman 在研究综合教育时首次提出，并逐渐兴盛于世界各国的一场教育运动。STEM 教育在美国发起和主导，通过整合科学、技术、工程和数学领域内容指引 STEM 教学和学习的途径和方法，加强美国 K-12 关于科学、技术、工程、艺术及数学的教育，专门用于建立动手类创造性课程。STEM 和 STEM 教育的出现转变了传统的认识和思维习惯，引导人们重新思考了科学、技术、工程和数学的内涵，以及他们之间存在的关系。

STEM 教育在美国得以引起极大关注主要源于对其国际竞争力下降的反思，对美国学生在国际数学、科学中表现欠佳的审视。在面对国际竞争和挑战的情形下，美国从影响综合国力科技竞争因素出发调整教育战略、推进 STEM 教育具有必要性和必然性。科学既是经过时间累积的知识本身，又是形成新知识的科学探究的过程，体现了一种质疑与探究的精神。科学常常是以范式、定理、定律形式反映现实世界多种现象的本质和运动规律的知识体系。技术是人类为实现社会需要而创造和发展起来的手段、方法和技能的总和。纵观历史，人类创造了技术来满足他们的需求，技术不仅是通过实践活动使用和生产的物质层面的产品，还包括凝结了具有科学性、可操作性的知识和方法，技术体现了人类在生存与发展中的智慧结晶。总的来看，技术包括整个人类的组织、知识、过程、设备等系统，技术是创建和操作工件，也是工件本身。工程是集成建构的和改造世界的物质实践活动。工程一词发展至今，逐渐以土木建筑工程、水利工程、生物工程、基因工程等形式出现，工程就自然地与诸如建设高铁、修筑大坝、开发医药、设计人造器官等一系列的实践活动相联系，这表明了工程是一种集成科学知识的建构，是用于解决实际问题的设计和创新实践过程及其结果，工程是解决问题的过程，重在工程设计。数学用于研究现实世界空间形式和数量关系，常常被理解为"思维的体操"，旨在培养逻辑思维能力，是学习和研究现代科学技术必不可少的基本工具。不同视角的数学定义给了我们新的视野去重新审视数学的价值，数学强调推理与计算，但它不仅仅是从定义和公式推导出来的一组结论。数学还表现于运用逻辑分析来使人们理解数学事实和它们之间的依赖关系，给人们提供一种思维方法和工具去建造模型，揭示抽象世界的结构性和对称性。

科学、技术、工程和数学的领域包含了知识和实践的部分，几乎囊括了我国所谓的理工科的全部范畴。科学重在发现探索、技术侧重发明革新、工程强调集成建造、数学强调逻辑推理，这四者之间的紧密联系为 STEM 教育作为一门综合教育课程提供了基础。其一，数学与科学的关系。数学是科学的工具和语言，科学是数学的思想和平台。科学的探究涉及了对证据的收集和整理、从定性到定量的推断验证，这一科学过程少不了寻求数学的帮助进行逻辑思维和精确计算。其二，数学—科学与工程的关系。数学和科学是工程的基础，工程是科学和数学的关键。工程须是限制内的设计，这种限制是指工程设计是限制于自然法则或者科学，理解相关的科学知识是从事工程工作的先决条件。工程师在设计中要对数据进行收集和分析，建模也离不开数学和科学概念。因此通过对工程的影响，数学与科学的结合有利地推动了技术的发展。其三，数学—科学—工程与技术。基于数学作为工具、科学作为基础的工程通过设计产出高新技术手段；而高新技术又为工程实施提供有利的硬件支持，这种支持须通过数学作为手段并且符合科学基础。因此 STEM

基于科学、技术、工程与数学之间的重要性和关联性，并综合各学科的特点，将知识的获取、方法与工具的利用以及创新生产的过程进行了有机的统一，对学生科学、技术、工程与数学的综合素养的形成有重要意义。

（三）国外 STEM 教育的发展

STEM 教育的研究首先发起于国外，这主要是基于对综合性学习的本质的思考。研究者对如何解决学校单一学科教学引起的问题进行了多层面的探索。为了将传统的学校转变为综合性学习中心，使学生享有全面接触所有学科的机会，不同国家进行了积极的课程和教学改革。国外研究者对 STEM 教育的探索呈现如下特点。

第一，政策先行——明确 STEM 教育目标。美国学术竞争力委员会于 2007 年制定了 K-12 阶段 STEM 教育的国家目标，明确了"使学生无论在中学后教育还是走向社会都具备在 21 世纪技术经济时代获取成功所必须的科学、技术、工程和数学技能，使有能力和有志向的学生成为 STEM 领域的专家、教育家和领导者"。在 STEM 教育的进程中，美国于 2012 年公布了"K-12 科学教育框架"，呈现了科学教育的目标为：①面向所有学生普及科学与工程教育；②为学生未来从事科学、工程、技术等专业领域职业奠定知识基础，提出了具体的"科学与工程实践、跨学科概念、学科核心思想"的三维统整目标。为了贯彻这一教育目标的设计理念和目标要求，2013 年又进一步提出：①学生通过科学探究和工程设计过程应用所学内容，并加深对其的理解；②通过将所学内容与实际应用进行整合，向学生呈现科学与工程是如何在真实世界中实践的；③将实践置于重要地位，科学和工程实践是重要的成就指标和学习目标。

第二，因人制宜——针对性确定课程标准。为了更有针对性地引导学生发展，制定了两类课程标准：高中毕业的 STEM 学生可以划分为 STEM 专业学生和 STEM 高级学生。相对于 STEM 专业学生，STEM 高级学生指既能够立刻进入劳动力市场，又可以成功进入高校 STEM 专业的学生。无论是 STEM 专业学生的课程要求标准，还是 STEM 高级学生的课程要求标准，其必修课程的最低标准都对数学、科学和计算机工程有不同水平的要求。

第三，因材施教——设计与开发 STEM 课程。根据学生 STEM 能力提升的需要，设计与开发 STEM 课程。STEM 课程不仅应当通过真实世界的实践应用和项目合作为学生提供独立学习和团队合作的机会，而且需要支持学生积累实践参与、逻辑演绎和定量推理的相关经验。印第安纳州鼓励学生从小学开始累积STEM学科的学习经验，要求高中生每年参加一门数学或定量推理课程。为此，STEM学校兼顾学生的文化体验和民族语言，采用数学、科学、技术等课程作为核心课程，以满足学生的创新需求以及对于STEM的职业需要。STEM学生学习课程后拥有渊博的跨学科知识，并能联系现实世界的问题进行知识创新。STEM教师应评估STEM教学实践和课程材料，努力寻求个别化和针对性的教学策略，以确保STEM学生的培养质量。

第四，内容有所侧重，对科学技术教育的关注显著高于对数学教育的关注。在STEM教育影响下，加拿大安大略省也进行了积极的课程改革，在2008年9月正式施行新的科学技术标准。这一科学技术标准中，明确学生需要发展的科学技能和知识，以及利用已有科学知识和技能做出有关科学决策的态度。比如1~8年级的科学技术项目的目标包括三个方面：①将科学和技术与社会和环境联系起来；②发展科学探究和技术问题解决所需的技能、策略和思维习惯；③了解科学技术的基本概念。通过以上内容标准的分析可以发现，STEM课程的内容针对STEM教育旨在培养学生综合的STEM素养的目标，以主题的形式涉及生命科学、物质科学、地球和空间科学、工程和技术科学以及对这些领域概念的应用部分的内容。具体到科学课程，引入与之相关的技术和工程内容的应用，使学生感受科学知识体系具有的广泛性和延伸性，内容标准中对数学概念的整合不够明显。

（四）国内STEM教育的发展

我国STEM教育蓬勃发展，表现在如下方面。①教育政策和文件的颁布。2017年，由中国教育科学研究院STEM教育研究中心发布了《中国STEM教育白皮书》（精华版），指出了STEM教育在教育实践、理论研究和教育政策方面取得明显进展，同时也面临严峻的挑战。2016年教育部颁发的《教育信息化"十三五"规划》中提出，有条件的地区要积极探索跨学科学习（STEM教育）等新的教育模式中的应用。2017年教育部《中小学综合实践活动课程指导纲要》中倡导跨学科学习，建议教师可以在教学实践中尝试STEM教育。2022年教育部的《义务教育小学科学课程标准》提出要优化课程内容结构，设立跨学科主题学习活动，加强学科间的相互联系，带动课程综合化实施，强化实践性要求。②教育部门的实践探索。多个省市和地方积极探索多种方式大力推进了STEM教育。江苏省、深圳市、成都市都发布了专门文件以落实STEM课程，申报试点学校并组织STEM教师培训、在课堂教学中推动项目式学习等具体实践工作。③教育研究的总结反思。围绕STEM教育的研究数量迅速攀升，研究的论文数量在不断高涨，研究思路也注重基础研究，并在政策、行业指导、科普等领域呈现多样化的态势。④教育生态的规模发展。为了进一步发挥STEM教育促进国家科技创新和提高国家综合竞争力的基础性和先导性作用，中国教育科学研究院启动了"STEM教育2029创新行动计划"。该计划以服务国家创新驱动发展战略为宗旨，整合全社会资源，建立由政府部门、科研机构、高新企业、社区和学校相融合的中国STEM教育生态系统。目的在于建立覆盖全国的STEM教育示范基地，培养一大批国家发展急需的创新人才和高水平技能人才。

当前我国STEM教育在发展中也有一些迫切需要解决的根本问题。其一，对STEM教育的战略性意义关注不够。STEM教育对实现我国建设创新型国家和推进制造业强国具有重要战略意义，但是目前还缺少具体的具有战略高度的顶层设计。其二，生态性系统的认识理念尚未形成。将STEM教育作为教育内部的一种理念和方法来看问题是远远不够的，必须站在为国家建设培养创新人才的高度来认识STEM教育。这不仅仅需要各行各业的协同发展，从而规划和完善一体化的教育体系，更重要的是要能够整合全社会的资源，从产业发展、人才需求、人才培养的角度统筹和协同发展来推动STEM教育。其三，各学段课程设计存在割裂、定位不清楚的问题。目前我国STEM教育缺少打通学段的整体设计，各学段的内容和目标是没有衔接的，并没有形成一个基于学段特征而构建的完整系统性方案。学生在小学科学教育中有STEM的内容，但是这些内容到了中学没有相应的延续课程和连通内容目标，未形成一个连通的系统，学生的STEM教育是割裂的。并且由于各学校自行开课，各校老师对STEM的理解不同，现实的STEM实施内容和目标也是五花八门，这种割裂的状态不利于人才的系统性培养和累积效果的产生。其四，STEM教育的课程标准与评估机制尚未建立。我国STEM教育还处于发展初期，相应的课程标准和实施效果评价还处于空白状态。到底哪些课程能够进入学校？课堂教学期望取得怎样的效果？如何评价教育项目是否达到预期效果？最终培养的人才是否适合国家社会发展需求？等等。这些问题只有通过建立相应的标准和评估机制才能解决，STEM 教育才会健康持续发展。其五，STEM 教育的师资培养水平有待提高。几乎在所有国家 STEM 教育发展的瓶颈问题就是师资水平不够，我国也是如此。我国技术与工程教育的师资力量是远远不够满足当前的 STEM 教育人才培养需求的。原有的师范院校中没有相应 STEM 教育专业，所以技术工程类教师在学校非常紧缺，即便有些学校已经开设了 STEM 方面的选修课或必修课，但都面临着合格教师短缺的问题。如何在高等师范学校培养 STEM 专业人才以及对 STEM 教育专业教师进行培训是解决这一供需矛盾的关键问题。

为了更好地应对我国当前推进 STEM 教育所遇到的困难和挑战，未来 STEM 教育的发展需要考虑如下一些重要原则。

（1）系统性——强调教育政策顶层设计的系统性。创新驱动是我国的一个重大发展战略，教育科学研究需要与各级政府部门、学校教育主体、各个社会组织一道，通过调查、研究和科学规划，推动 STEM 教育政策的顶层设计，助力这一战略的全面实施。

（2）贯通性——课程教学体系要注重各学段连通。课程设计要注重 STEM 人才培养畅通计划以及实施。通过逐步建立并完善 STEM 课程教学体系，促进各学段 STEM 教育的有效衔接和连通，进一步优化各个学段、各个学校、各个教师教学的 STEM 教育活动，提高相关 STEM 课堂和课后教学活动的吸引力、科学性和教育质量。

（3）生态性——营造全社会创新一体化的新型 STEM 教育生态系统。努力打造一体化创新的 STEM 教育生态系统，联合各级政府、教育部门、各类学校、高新企业、社会组织等各方力量，建立和健全各个单位的长效合作机制，形成一种新型的教育合力，构建 STEM 教育文化。在形成 STEM 教育文化和学习氛围的共识基础上，以学校为主体向全社会进行传播和扩散，能够使得社会资源积极参与、交流协作和多元投入，共同搭建 STEM 教育的支持体系。比如，建立实践社区，包括博物馆、青少年宫、科技馆、数字媒介等社会机构，积极打造开放空间，开展 STEM 创新教育活动，形成学校 STEM 教育课堂之外的重要教学补充，为学习者提供更加真实、开阔和广泛的学习平台。

（4）协同性——加强师资培养建设，切实提高对 STEM 课程的本质和科学素养认识。鼓励学科交叉和学科融合，建设资源整合和师资培养平台，各学科课程师资力量的合作培养。组建学校发展共同体，推选优秀学校牵头，定期组织开展研讨活动，加强校际之间的沟通与交流，促进资源共建共享。加强具有跨学科背景的师资力量的培养，提高关于科学、数学和技术的本质认识和科学素养，并提倡教师们将STEM教育融入课堂教学中。成立专业师训平台，共同打造STEM师资培训高地。

（5）评价性——提高STEM课程标准与评价体系的教育教学研究。要注重学生学习成效的评价，体现学生为中心的教育思想，为每一位学生参与STEM活动提供动力和保障。课程评价过程要改变以往单一的方式，强调多元评价主体、形成性评价、面向学习过程的评价，由学生本人、同伴、教师对学生学习过程的态度、兴趣、参与程度、任务完成情况以及学习过程中形成的作品等进行评估。通过"宏观的教育政策——中观的教育系统——微观的实施主体"，形成面向未来的STEM教育发展规划和路线图设计，保证实践探索的良性持续发展，促进STEM教育在更大范围内获得成功，服务国家的社会经济发展。

三、STEM教育的实践探索

（一）STEM教育的实践原则

对STEM教育的提出、形成和发展进行研究和分析的基础之上，本部分结合当代着重论述STEM教育在学校教育教学和其他社会培训教学的实践活动中需要注意的三个原则：跨学科性、建构性和实践性。

第一，STEM教育实践的跨学科性。STEM教育重视"科学"为基础的自然科学与社会科学，并根据其内涵包括了基础的与实用的数学、工程与技术等相互交叉的学科，表现出跨学科的科学观。传统教育将知识按学科进行划分，将知识划分为易于教授的模块。这对于科学研究和深入探究自然现象的奥秘有所助益，但并不反映我们生活世界的真实性和趣味性。随着科学技术的迅速发展，分科教学（如物理、化学）在科学、技术和工程高度发达的今天已显出很大弊端。针对这一问题，理工科教育出现了取消分科、进行整合教育的趋势。STEM教育因此应运而生，跨学科性是它最重要的核心特征。STEM教育将科学教育与技术教育、工程教育、数学教育联系起来，以整体、联系的思维解决各种现实问题的挑战，因而呈现了综合性。将工程教育融入科学教育，旨在打破学科边界，强调以整合的学习方式使学生发展知识与技能，并能灵活迁移，解决真实世界的问题。STEM 教育的综合性表现在其教育目标上，具体表现为：学生通过 STEM 教育能够学习综合利用科学、技术、工程和数学四方面知识与技能的能力；学生具有逻辑思维和技术能力；学生能够创新设计并独立的调查和研究，并有效解决问题，架起学校与 STEM 工作场所之间的桥梁。这种综合性的目标关注了学科、学生、社会间的相互联系，强调了学生发展、社会责任的整合等。

第二，STEM 教育实践的建构性。STEM 教育的课程内容、课程实施及评价中突显了开放性、动态性和生成性。STEM 教育认为知识是不断更新的，是动态与发展的。科学教育与技术教育、工程教育、数学教育领域内的知识需要结合其社会应用进行，强调学生对概念的深层理解有助于灵活应用已有知识，并在与现实生活世界的接触中随时拓展和完善自己的知识体系。STEM 课程内容的选择关注了 STEM 各领域的最新研究成果，同时 STEM 的教学环境不再局限于学校和课堂，而是拓展到 STEM 职业场所，以帮助学生获得将科学探究转化为实践以及进行科学创新的机会，体现了课程的建构性。而在课程实施方式上，传统课程实施的教师讲解和学生接受也进行变革，构建了学习者、教育者与学习环境进行对话和交流的平台，促进学生内在知识体系的形成与建构。因此开放的课程实施方式与动态的课程内容相结合，形成了 STEM 课程的建构生成性，对提升学生认知能力、培养学生敏锐的科学思维习惯和高效解决现实生活问题的能力有重要价值。

第三，STEM 教育实践的实践性。STEM 教育的实践性由人才培养需求决定。STEM 教育对技术教育和工程教育的关注置科学教育和数学教育于同等重要的地位，这是由于工程设计和工程思维的习惯将直接影响学生的问题解决能力和创新能力。为了帮助学生完成从知识关注向实践关注的转变，首先课程设置方面，综合性的 STEM 教育课程需要考虑科学、技术、工程和数学四门课程的各自特点，从多角度来解释综合化课程的丰富性，提供多样化的课程形式，帮助学生获得自我发展的多种可能。并且还可以考虑开设竞赛、实验室实验、实地考察等课外活动项目及 STEM 的服务培训活动，以增加 STEM 课程与学生经验的融合性，同时促进学生学习参与度的提升。而在具体的课程活动中，教师在教学活动的实施中要保证有效的课程组织和精良的硬件设施，而学生的学习活动也基于问题解决的学习并获得实践的课堂体验。

（二）STEM 教育的课程实践

1. STEM 教育的课程理解

STEM 是科学、技术、工程和数学的综合。之所以综合这四门学科，不仅因为它们是解决科技问题的需要，而且因为这四门学科具有相通性和渗透性，它们本身在解决现实科技问题时是一个整体。综合教育正是依托于综合课程来实现学生对知识的整体把握和对世界的多维认识，在个体全面发展的基础上培养综合性的解决现实问题的应用能力。有关这种综合课程的概念界定可以概括为以下几种理解：其一，综合课程即学科；其二，综合课程是一种将内容进行整合形成的课程；其三，综合课程规定了预期学习的结果是学生能从整体上把握知识和世界；其四，综合课程从学生个性发展需要出发，是基于学生经验设计的课程；其五，综合课程是致力于将科学主义与人文主义相融合的课程。

从以上对综合课程的概念界定可以发现，综合课程是相对于分科课程而言的，综合课程的出现是为了弥补分科课程的缺陷与弊端，因此综合课程的这种功能对 STEM 课程实施提出了三点要求：首先，综合课程旨在适应新时期学科自身发展进行边缘拓展的需求，从而强调课程之间的交互性、关联性；其次，综合课程按照学生的兴趣需要、心理发展特点等进行内容的编制，有助于学生学习及个性发展；最后，综合课程有助于培养学生适应社会发展和解决现实生活中的实际问题。因此，作为一门跨学科的教育，STEM 教育的课程整合需要看到不同学科之间的广泛联系性，以综合的方式促进科学课程发展的意愿，在教学中强调解决实际问题的能力，而不是片面地强调学科知识。

2. STEM 教育的课程模式

建立在对有关综合性课程的理解，美国马里兰大学赫希巴奇提出两种最基本的课程模式：相关课程模式和广域课程模式。相关课程模式将各科目仍保留为独立学科，但各科目教学内容的安排注重彼此间的联系。例如，上物理课可能需要学生预先掌握数学概念，数学教师和物理教师要通过沟通，将这两次课安排在相近的时间节点且数学课教学排在前面。相关课程模式与学校目前的课程模式很相近，但最大的区别在于前者需要不同学科之间的教师对课程安排进行详细、周密的协调和计划。广域课程模式则取消了学科间的界限，这种课程模式将所有学科内容整合到新的学习领域。STEM教育的广域课程模式不再强调物理、化学甚至科学作为独立的学科存在，而是将科学、技术、工程和数学等内容整合起来，形成结构化的课程结构。赫希巴奇指出，最常用的整合方式是通过活动形成连贯、有组织的课程结构。在这样的课堂里，教师通过设计一个实践问题或项目，将科学、技术和工程等STEM学科相关知识均包含在内，让学生通过活动进行学习。

基于对STEM课程的两种模式的分析，STEM课程与分科的学科课程的关系也有两种认识。相关课程模式的理解下，是将STEM课程作为一种后设课程，即在分科课程之后设置的课程，指学习者在学习分科课程之后再学习STEM课程，其特点是在分科课程的基础上，综合运用STEM的知识，研究和解决工程问题。广域课程模式的理解下，以STEM课程取代传统的数学、物理、化学、生物等分科课程，对其内容进行充分整合，组成一门新的STEM课程，其特点是以STEM课程取代与科学、技术相关的分科课程。比较两种STEM课程的设计思路，如果用STEM课程取代式设计，优势在于综合运用各门学科的知识解决现实问题，但劣势在于各门学科都用到，但却无法获得系统的学科知识。如果没有分科课程保证学生获得系统的知识，仅靠STEM课程不可能有效地掌握系统的知识。如果没有系统学科知识，也谈不上综合运用知识进行科技创新和解决实践问题。如果用STEM后设式设计，其优势在于分科课程以学科知识本身的逻辑来组织，它使学生能够集中、快速、有效地获取系统的基础知识；同时在此之后进行分科课程知识的综合运用，进行科技创新，解决实践中的问题。分科课程是学习STEM的基础，STEM是对分科课程知识的综合运用和深化发展。学生对分科知识掌握得越系统，解决实践问题时综合运用知识的能力就越强。所以，STEM的综合是建立在学科基础上以及学科与社会、学科与个人之间的联系上。

3. STEM教育的课程探索

在探讨STEM整合教育的可借鉴性的基础上，研究者结合我国的基础教育现状和优势进行综合分析，并提出我国的STEM课程设计的探索路径全盘跟进国外STEM课程整合既不必要也无必须，更具有可行性的一种探索思路是将各类整合教育代入我国基础科学教育现状，找出最能满足其发展需求的类型。

综合研究不同STEM教育的整合模式，对不同STEM学科课程路径进行研究，我们发现，在启动阶段整合两个或者三个STEM学科内容的教学活动更具有实践意义。原因如下：其一，尽管STEM整合类型众多，作为课程改革长时，STEM整合教育至少在启动阶段会加重教师工作负担，不利于STEM教育的长期健康稳定发展；其二，整合两个或者三个学科内容的教学活动更有助于提出明确的教学需求和期望，有助于教育教学活动的推广，更能够获得教育实践者的积极响应；其三，我国的基础教育研究中，数学教育和科学教育的课程整合是我国理科教育的常态，具有扎实的现实基础，以此为基础开展整合教育更容易获得成功。

下面将以"数学—科学""科学—技术""科学—工程"两两学科整合，进行详细分析，以探索可行的STEM课程的实施路径。

第一，数学—科学整合教育具有先天优势。数学—科学整合是我国理科教学常态。数学是我国传统优势学科，这与中国的语言系统、社会期望、价值观和课程设置有重要关系。中国数学教师比美国数学老师能更好地把握深层学科结构，中国学生的数学知识与技能应用领先于世界是不争的事实。我们国家的二十四节气、乘法口诀、七巧板等传统文化中包含了大量的数学和科学结合的生活经验，有助于数学和科学的学科整合。整体而言，我国基础教育中科学与数学的整合程度优于美国，量化思维和数学工具介入早，使用普遍。

第二，科学—技术整合教育体现工匠精神。技术一词可指代一切为满足人们需求而发明的事物。对科技整合教育有多种认识：培养应用科学知识进行技术设计能力；培养应用技术辅助科学与工程实践的能力，包括各自实验技能和技术掌握及使用；通过分析和反思科技史、科技热门话题和实践体验，建立对工程、技术、科学与社会间相互关系与交互作用的理解。可以看出科学—技术的整合体现了工匠精神。工匠精神包括着追求突破、追求革新的创新内蕴。古往今来，热衷于创新和发明的工匠们一直是世界科技进步的重要推动力量。我国的科技教育现状表明，单纯整合科学与技术应用的教育形式是不够的。正如有研究者指出的，我国本有"轻实验思想、重实用技术"的传统，若继续强调对工具性技术的整合，则难以培养真正勇于超越现实、富有创新精神、善于发明创造的新型人才，这种创新价值需要对工程思维的深入思考。

第三，科学—工程整合教育具有创新发展价值。要培养用于探索和创新，能够进行"超越现实、远离实用功能的科学思考"的创新性人才，我国的基础科学教育须由"实用导向"向"研究导向"扩展转移。在科学领域，"研究"指向以解释自然现象为目标的科学探究；在工程技术领域，"研究"则指向服务于实际问题的工程设计。这两类研究相似点颇多——都需要结合当前认知与合理想象进行理论建构或形成问题解决方案，并经过反复实证检验，根据检验结果修正和调整最初的理论或问题解决方案。但是二者也有不同。科学的"研究"强调证据一致性和理论解释力，必须着力筛选最合理的解释和理论，通过会聚性证明不断培养学生的推理能力、归纳能力、辐合型思维和发散性思维。而工程的"研究"关注问题解决方案的开发与优化，对同一限定问题可同时有多种可行设计，通过不同方案的设计和开发，不断培养学生的批判性思维、演绎能力、辐合型思维和发散性思维。在基础科学教育里整合理论性探究和工程设计，能让学生从小有机会尝试打通这两类研究，帮助他们培养思维能力，不仅关注当前作为产物的科学知识或技术，更看重人类基于理性认识和改造世界的过程与方法。

(三) STEM 教育教学课程

1. STEM 教育与数学课程

通过上述分析，可以发现数学教育对于 STEM 课程的实施最为关键。以数学教育为基础，开展数学—科学—工程的整合模式，并在此基础上逐步发展数学—科学—工程—技术的整合于我国基础科学教育发展最相宜。

而从达·芬奇的数学能力之突出对于他是天才的重要性，或许也可以看出数学能力对于 STEM 不同学科能力的整合发展的重要性。在数学方面，达·芬奇推导了毕达哥拉斯的"神圣分割"并定名为"黄金分割"，强调如何按"黄金分割"来绘制和欣赏人体美。最终在艺术领域，他将数学的形式和表现方法体现在绘画上，最直接的体现便是他的绘画杰作《蒙娜丽莎》，这幅艺术杰作所表现的"永恒的微笑"便是达·芬奇的透视法和比例研究的一个结晶。如果科学家达·芬奇生活在现代社会，那么他的 STEM 能力应该是高度发展的，并且他是 STEMA 领域全面发展的天才（此处因为 STEMA 是相比 STEM 领域增加了一个 Art，即艺术领域）。他在科学、技术、工程、数学甚至艺术领域都有超凡的成就。在科学领域，他早于哥白尼提出地球不是太阳系的中心，最早开始研究物体之间的摩擦学理论，发现了惯性原理，甚至还预言了原子能的威力。在技术领域，他精通不同技术，曾经设计出了众多机器和器械，包括对自行车、闹钟、温度计、起重机、挖掘机以及军事方面的簧轮枪、子母弹、三管大炮、坦克车、滑翔机、直升机等的设想和描绘。而在工程领域，他同时也是建筑工程师，米兰的护城河就是他的杰作。

2. 数学课程的数感和空间感

在 STEMA 的不同能力中，数学能力是非常核心的，没有杰出的数学能力是不可能发展出高水平的 STEMA 成就的。数学是研究数量关系和空间形式的科学，而培养数感是数学教育中最重要的主题。我国《义务教育数学课程标准（2011）》明确提出，数感的培养有助于学生理解现实生活中数的意义，理解或表述具体情境中的数量关系。儿童数感生成是数学教育的首要目标，空间感的培养是建立在数感和符号意识的基础之上的。数感是指关于数与数量、数量关系、运算结果估计等方面的感悟。数感是一系列与数学问题解决相关的外显行为能力的总称，其内在心理基础是儿童对数字系统和数量关系的理解，也称为数量化。空间感是指儿童在认识和适应环境的活动中体现的基本能力，依赖其对外在环境所形成的内在表征，即空间记忆。将数感和空间感作为我国义务教育数学能力培养的两个核心概念，这是符合儿童数学学习的特点的。儿童的数感和空间感在真实社会生活中是互相关联，密不可分的。

数感和空间感的脑科学研究提示，数感和空间感的认知机制和神经机制有重要内在关联。在认知科学领域，数感是个体对外界事物所形成的内在数量表征，个体建立数感就是在内部建立对外界事物的数量表征的过程。有关数感和空间感的关系这一科学问题，综合心理、生理、脑科学的研究成果，主要有"三重编码假说"和"形状加工假说"两种观点。

"三重编码假说"的最早理论缘起是 McCloskey（1992）提出的单一心理表征理论，认为个体只存在一个内部的数字抽象表征系统，是一种跨通道的、跨符号形式的一般性抽象数量表征，位于大脑双侧顶内沟区域。Dehaene（2003）基于顶内沟的抽象数量表征提出了"数量模块假设"模型，也称为三重编码假说。该假说认为人类大脑中存在三种模块表征数量：数量表征系统编码负责编码抽象的数字意义，是三个系统中最核心的类比数量表征系统，位于大脑双侧的颞—顶—枕联合区；视觉数字系统位于大脑双侧的颞—枕联合区，主要负责对视觉输入的数字形式进行分析；语词编码负责口语的输入、输出，位于左脑的语言区，包括额下回、颞中回、颞下回、基底神经节和丘脑。

空间能力研究与教育启示

"形状加工假说"对"三重编码假说"中的顶内沟编码抽象数量这一观点提出了质疑。根据"形状加工假说"的观点，顶内沟区域并非表征了数量模块，而是表征了形状信息，很多点阵数量表征任务中所发现的顶内沟激活可能与该区参与形状加工有关。关于顶内沟在任务的激活方面更合理的解释可能是形状加工（周新林，2016）。这一观点意味着数感的获得是建立在空间感的形状加工基础之上。首先，对于随机点阵任务的识别和加工，个体常常在头脑中用到了形状表征，也就是心理数轴。心理数轴是在头脑连续对多个数字按照从小到大，从左到右依次排列成的一条数轴，是一种特殊的数字形状的空间排列结构。这种将多个数字排列一定空间表征结构的心理数轴的存在提示，人类是通过形状来表征数字，并且无论是数字符号还是非数字符号的数量，个体都可以表征为具有形状特征的心理数轴。其次，数字与英文字母在认知行为研究中，表现出类似的空间表征。英文字母即使没有明确的数量语义信息，但是它们的空间顺序信息可能是导致其存在空间表征的重要原因。最后，包含数量语义的词语（"许多""大量""无数"）与中性语义的词语（即不包含语义的词语，例如动物名词）在顶内沟区域有相同的激活。这使得研究者推测是形状而非数量是一种更为基本的抽象编码模块。

而有关"形状加工假说"和"三重编码假说"的研究争议也使数学教育中一个问题更为突出，即数感的形成是否依赖空间感的形成？关于这一问题，脑科学的最新研究揭示，数量编码所依赖的顶内沟区域和空间记忆所依赖的海马结构有大量的神经元联结，提示数量加工和空间加工可能有非常密集的神经信息交互和作用机制。儿童珠心算与脑功能可塑性的研究则发现珠心算训练极大促进了儿童的脑活动和认知发展，这提示珠心算所涉及的空间编码可能对于数量能力和其他认知能力发展有重要的促进作用。最新研究还发现数学辅导改变了海马皮层厚度，这提示海马可能参与了数量认知，那么在活动中的空间任务和数量任务对海马的神经结构发生了怎样的交互影响引起了研究者的关注。

通过对这些数感和空间感的脑科学分析，可以看出个体早期的数学成就离不开其空间能力的发展，启示空间能力的发展对个体数学成就和 STEM 成就有重要的意义。更为惊人的发现是，达·芬奇在各个领域活动的天才般的表现离不开其高度发达的空间能力。空间能力是什么，为何对个体的综合能力发展如此关键？本书接下来的章节将回答这一问题。

第二章 空间能力

包括人类在内的生物体的空间能力的探究自古以来就引起研究者关注。生物体是如何认识其所生存的空间环境并保存这种经验的？这种经验和知识对生物体的生存和生活有何意义？本部分内容着重阐述空间能力的研究范畴和研究意义。

第一节 空间能力的提出

一、空间的认识

空间是什么？传说在远古时期，当时人类的先祖就已经知道利用北斗七星来进行方位识别，利用北斗七星的斗柄将时间（春夏秋冬）和空间（东南西北）进行统一。这样的猜想也符合我们现代人的认识，认为时间和空间是我们感知世界的基础。

有关人类对时间和空间的认识也伴随着人类文明和科学的进步在不断发展变化着，而且不同领域对有关时间和空间的定义存在争议。在物理学领域中，爱因斯坦说时间和空间是一个"统一的连续体"。物理学家牛顿认为"空间是真实的和绝对的"。现代物理学则告诉我们，时间和空间是真实的物理存在，比物质的存在还要真实和根本。我们的宇宙在膨胀，空间本身在膨胀就是最好的说明。

哲学上有不同的看法，200多年前的德国哲学家康德有关时间和空间的争议可能是研究者较为认可的一个合理论述。康德的空间观具有严密的逻辑体系，对后人建构逻辑体系具有重要的借鉴意义。康德认为："时间和空间只是人类用来理解世界的一个先天条件，而不是一个真正的实体。"这句话怎么理解呢？康德认为，我们人类只能认识世界的表象。人类把客观物体或

空间能力研究与教育启示

对象表象为外在于我们的，它们全都在空间之中。空间是人类思想的一种内建原理。也就是说空间是人类意识中一种既有的、独立于经验的先天知识，利用这些知识可以感知和认识周围世界。我们对世界客观物体或者对象的认识都建立在空间直观和时间直观基础上才能存在。比如，我们不能想象一个物体或者对象没有在任何时间和空间里而存在。在空间中，物体的形状、大小和相互之间的关系得到规定，或者是可以规定的。

如果客观物体或者对象存在于一定的空间中，那我们是如何认识世界的表象的呢？比如桌子上有一个红色的苹果。这时直觉告诉我们，这里桌子上有一个苹果，是红色的，有多大，什么形状，它的味道闻起来是什么样的，这些都是我们的眼睛和鼻子这些感觉器官所获得的直观（感觉印象或者感观认识）。除此之外，我们还需要借助"苹果、红色、甘甜"这些概念才能认识它，获得一种抽象的普遍的语义认识。所以，我们认识世界的过程，大概是这样的：外部世界客观物体或者对象通过我们的外感官（如感觉器官）获得直觉（感觉认识），再通过内感官（思维器官，意识思维过程）获得概念知识，我们才能完整地认识世界的表象。概念是人类创造和定义的，但直观呢？康德将直观分为两种：经验直观和纯直观。与外部世界对象相关的直观，就属于经验直观，比如我们看到一个红色的苹果、看到高高的房子这些属于经验直观。而纯直观则是和任何对象无关的，是认识外界所有事物的基础条件。时间和空间就属于这种纯直观，时间和空间都是先验的，不以经验为前提，它们不依赖其他的存在，而人的认知之所以能够进行，必须有这两个条件，它们是人类认知体系的起点和先备条件。而且康德认为先验的条件只有时间和空间。换句话说，时间和空间是我们认识表象的先天条件和基础，没有时间和空间，我们就没有办法认识这个世界的表象。换句话说，没有时间和空间，一切对我们来说都没有意义。因此在康德有关时间和空间的经典论述中，我们对外部客观世界的认识都需要一个时间和空间。而空间是客观世界运动着的物质存在的基本形式，任何客观物体都存在于特定的空间之中。相对于我们人类主体而言，任何客观物体或者对象同周围的其他客观物体或对象都存在着空间上的相互关系，包括了形状、大小、位置和彼此的方位等空间信息。我们人类的任何生活和生产活动都是处在这样一个包含了各种空间关系的环境中，空间是我们人类发展自身认识，以不断适应世界和改造世界的先决条件。

在牛顿的绝对空间与康德的先天直观形式之外，法国现象学家梅洛-庞蒂开辟了理解空间的第三条道路。梅洛-庞蒂认为"现象学的任务就是揭示出世界的奥秘和理性的奥秘"。梅洛-庞蒂的哲学思想一直在不停地追问知觉的奥秘。那么，究竟什么是知觉的奥秘？为什么说它关联着世界的奥秘和理性的奥秘？用梅洛-庞蒂自己的话来说，这个奥秘就是知觉经验揭示出了知觉主体和被知觉世界之间存在着"一种有机的关系"，这种关系导致了"在知觉中有一个内在性与超越性的悖论：内在性是指被知觉对象不可能外在于知觉主体；超越性是指相对于已实际被给予知觉主体的部分来说，被知觉对象始终包含着一个超出的部分"。在一些研究者看来，正是这个内在性与超越性的悖论贯穿着，从而直接关联着世界的奥秘与理性的奥秘。就世界的奥秘来说，一方面，我们始终已经处在一个世界之中。在这个世界中，除了我们之外，还有山脉、河流、植物、动物、他人等，我们显然只构成了这个世界的一小部分，世界中的许多其他事物似乎都不依赖于我们而存在。因此在这个意义上，世界有一个外在于我们或"自在"的维度。另一方面，这个世界又是我们所知觉和思考的世界，世界中的各种事物也是我们所知觉和思考的对象，我们能够有意义地谈论这个世界以及其中的各种对象，这一事实揭示了我们能够在不同的意识世界拥有这个世界，提示着这个世界有一个内在于我们或"为我们"的维度。因此，要理解世界的奥秘，就在于"理解为什么会有'自在的为我们'这种悖论性的东西"。换言之，就在于理解为什么世界既是一个我们被动接受（从而外在于我们）的世界，同时又是一个我们能够主动构造（从而内在于我们）的世界。理性的奥秘也共享着类似的悖论性结构。要理解理性的奥秘，就在于理解为什么理性既诞生在一个世界之中，又能够理解和把握整个世界。

我们来看知觉的空间视角性。例如，我从某个角度看附近的房屋，其他人也能从别的角度看这所楼房，如从楼房的前面，从楼房的后面，从小区外墙的街道，从楼房的内部，甚至从飞机上看这所房屋。但是，楼房本身不是这些显现中的任何一个显现。正如莱布尼茨所说，它是这些视角和所有可能视角的几何投射物。也就是说，它是一个无视角的极限（我们可以从这个极限中推演出所有的视角），它是一所无法从任何地方被看到的房屋。

显然，"我"对楼房的知觉经验包含着两个同样无可置疑的方面：一方面，我的的确确从某处出发看到了楼房。在这个意义上，楼房本身内在于我从这个视角出发的视觉。另一方面，我和他人都能从不同的视角看到楼房的不同显现，楼房本身却不是其中的任何一个显现，它是所有可能的显现共同指向的对象。在这个意义上，楼房本身外在于我从某处出发的任何一个视觉。因此，就知觉经验的空间视角性问题所包含的悖论性结构来说，重要的在于"理解为什么视觉能够从某处形成，而又不会被封闭在这个从某处出发的视角之中"。因为我们所谓的"视角"，无非意味着一种"从其处出发的看"。梅洛-庞蒂空间现象学的出发点，就在于尝试重新理解这种"从某处出发的看"所蕴涵的空间性。而这一知觉的空间性的两重特性，也恰好体现在人类对空间的两种认识框架下：视点依赖的显现和视点无关的显现。视点依赖的认识表现在不同个体的观察能够从不同的视角看到楼房的不同显现；而视点无关的认识表现在楼房本身不是任何一个个体的观察中所发现的任何一个显现。

之所以空间问题能够出现在现象学研究的核心，在很大程度上也是因为空间问题与知觉问题紧密地结合在一起。这是因为被知觉对象总是要通过某种外在性特征来刻画。而在近代西方哲学传统中，尤其是自笛卡尔以来，外在性几乎就是空间性的代名词。正因为空间问题与知觉问题存在着这样一种原初的内在关联，人们才有理由认为梅洛-庞蒂给出了"一种新的先验感性论"，即一种先验现象学的感性论，重构出一种知觉现象学。这种知觉现象学联结了我们内在经验的知觉世界和外在于我们的现象世界，知觉世界的空间性反映了现象世界的空间性。

无论是建立在先验的时间和空间这种纯粹直观条件基础之上的空间经验，还是与现象世界所关联的我们经验的空间知觉，人类是如何在这种对外在世界的认识中逐步发展出丰富多样的空间能力，进而呈现出复杂的抽象思维能力？我们从空间能力与抽象思维能力的关系来开展分析。

二、空间能力概述

人类的抽象思维能力让人类拥有了科学、文学和艺术等这些领域的巨大成就。人类的感觉加工和运动程序会不断调整以形成一种精细的计算结构，以便个体能够不断适应于人类的复杂抽象思维活动，而这种计算结构在完成复杂抽象任务和简单感知运动任务是共享的。其中一种非常重要的能够参与抽象任务的计算结构就是空间结构。从这一认识来说，作为个体的一种普遍的、抽象的计算结构，空间结构在人类认识世界中的重要作用不仅影响了人类空间活动的表现，同时也影响了其他人类非空间活动和抽象活动的表现。

人类空间结构在活动中突出表现为人类的空间能力。人类空间能力是指周围环境中的物体形状、大小、位置以及物体间的方位关系等空间信息进行认识和操作时所表现的某种心理特征。人类对环境中客观物体所包含的空间信息进行感知觉、记忆以及思维操作，产生了不同的空间知识和空间技能。其中对有关环境空间信息的理解或者认识的相关经验被称为空间知识，而对环境空间信息进行操作的相关经验被成为空间技能。

瑟斯通和林恩早在心理学领域对空间能力进行了大量的经典研究，而在过去的三十年数学教育领域对空间能力的研究又再次兴起。这样相当数量的研究使对有关空间能力的理解和定义存在大范围的差异，而基于对空间能力的不同定义，心理学和数学教育领域又提出了大量不同的空间能力模型。由于回顾文献发现空间能力名词的界定非常广泛而且不存在一个普遍认可的分类依据时，本文将选择空间能力在数学相关的抽象活动所涉及的空间结构对空间能力的概念进行界定，分为三大主题。

第一，空间记忆。这类主题关注空间能力相关的记忆结构。空间记忆作为一种能力集合体，涉及了与数学活动相关的一系列空间认知结构，包括了空间知觉、空间操作和空间运动。空间知觉是指个体通过对物体的空间信息进行表征、转换、整合和回忆，以便对空间进行空间视觉化或空间知觉。空间操作是指使用心理表象对二维或三维空间的物体进行心理操作的过程。空间运动指运用运动技能，比如在郊区或城市的某个街道进行空间巡航，或者移动或者旋转一个空间物体，以及折叠或者展开纸张以完成特定任务的空间运动技能。

第二，空间语言。这类主题关注空间能力作为日常交流的语言结构。空间语言包括与数学活动相关的具有空间属性的语言符号结构，现代汉语中的空间语言主要包括空间方位词和空间维度词。空间方位词是确定事物空间关系的形式标记，包括五类：上下、左右、前后、内外、中侧。空间维度词是具有一定形状事物占据空间的量进行说明的词语，包括七对：大小、长短、高低（矮）、深浅、粗细、厚薄、宽窄。

第三，空间推理。这类主题关注空间能力作为思维工具的逻辑结构。空间推理有时也称为空间关系推理，是演绎推理中涉及空间内容的一种关系推理。在标准的三个对象的空间推理任务中，被试阅读两条描述空间关系的前提，然后要求推论前提没有明确提及的关系。

第二节 空间能力的体系

一、空间能力的研究视角

前文已经阐述了研究者对空间能力的定义有各自不同的理解，这其实是由于研究者对空间能力采用不同的研究视角造成的。在心理学和数学教育领域，对空间能力的研究视角常见的主要有策略的、认知的、心理的和差异性四种，林恩（1985）对四种研究视角做了较为系统的阐述。

第一，有关空间能力的策略研究视角主要为了定性地考查并确定个体在解决空间任务过程中所使用的策略。

第二，有关空间能力的认知研究视角的目标是为了确定和描述个体在解决空间任务过程中的认知过程。对于这类研究而言，个体在空间任务解决过程中的内在心理机制远比测试所反映的空间能力更为重要。

第三，有关空间能力的心理研究视角，研究者通过对个体在完成不同空间任务所需的因素进行相关性分析和比较，目的是将空间能力分成次级因素或次级成分。心理学研究在心理学家研究中是非常重要的，比如瑟斯通（1938）在他的群因素模型中确定了空间能力的不同因素。

第四，有关空间能力的差异性研究视角下，研究者的目标是对不同群体的空间能力特性进行描述和解释。对这类研究而言，个体在空间能力测试的成绩表明了不同群体的空间能力差异，空间能力最常见的群体差异研究就是男性和女性的比较研究。下文将从策略、认知、心理和差异性分别介绍四个方面的研究内容。

二、空间能力的策略研究

在学生进行空间活动时，常常需要选择依赖于特定空间能力的策略完成任务。为何我们思考这一问题首先考虑的是学生的策略而非学生的知识呢？一个解决空间任务的过程需要特定的策略而不仅是特定的知识，这样一种对空间任务的概念理解是与我们对问题解决过程中的空间问题的概念理解有关的。学生在问题解决过程中，首先需要考虑的起点是问题，这主要是由于问题解决中的问题和学生自身的知识共同决定了最终适当策略的选择，而非仅仅依赖于特定的知识。

有关空间任务中的策略选择研究发现，人们在空间活动中所采用的策略有巨大的不同。研究者克莱门特（1983）对个体在标准空间测试中所采用的加工策略的大量研究进行梳理和回顾时发现，在同一空间任务中，不同个体事实上采用了范围广泛包罗万象的策略。对于空间任务的问题解决过程中，为了成功地解决问题，有两个关键点是非常重要的：一个是我们应该做什么，另一个是我们如何做。第一个关键点又叫作策略决策，这是我们需要制定或者规划任务目标并且通过一系列动作作出决策。第二个关键点是实现在策略决策过程中所作出的决策。从问题解决过程中的策略分析可以得出，策略是个体为了在特定任务中实现自己的目标所采用的行动。因此对于学生在解决空间任务所选择的策略生成和选择其实受到两方面因素的影响，一个是空间任务难度，另一个是学生本人的知识和经验。下面将介绍和讨论现有空间任务解决研究中的不同类型的策略。

（一）整合策略和分析策略

基于人类个体考虑空间任务的切入点是整体还是局部，巴拉（1953）区分了整合策略和分析策略。空间任务的整合策略，是指学习者通过转换或者操作整个物体或者绕着物体来回转动以解决任务的行为。相反，空间任务中的分析策略有时也叫作特征策略，学习者要关注物体的某个特征，通过对原始物体进行细节或者特征分析来对物体进行判定。研究者发现空间任务的类型和学习者的空间成绩会影响策略选择。有关空间任务的类型影响策略选择可以用简单的乐高游戏和图形判定任务来做举例。比如，当我们完成积木或者乐高游戏时，两块材料之间如何搭建或者拼接更为牢固是需要从整体进行考虑的，这是属于整合性策略。而当识别和判断是三角形还是圆形时，只需要考虑图形中是否存在一个夹角这一特征就可以做出判定，这是属于分析型策略。

也有研究指出，如果一个空间任务较为复杂需要较多的空间认知加工过程，此时任务类型以及学习者的知识类型和个人偏好将会高度影响策略选择。有关学习者的空间成绩影响策略选择，研究者总结，作业成绩较高的学生比作业成绩较低的学生对于分析策略的运用更为有效。

（二）三维策略和二维策略

吉坦（1984）对学生的三维立方体的测试中发现，学生在解决书面空间任务中常常采用三维策略和二维策略两种策略。三维策略是学习者在解决空间任务时构建三维心理模型，并通过对三维模型的操作、转化和移动来完成任务。二维策略是学习形成三维空间物体的二维图像以解决空间任务，因此在活动中忽视了空间的立体性。比如在图2-1中，学生需要在四个备选的立方体中选出与原始的立方体（O）相符的那个。

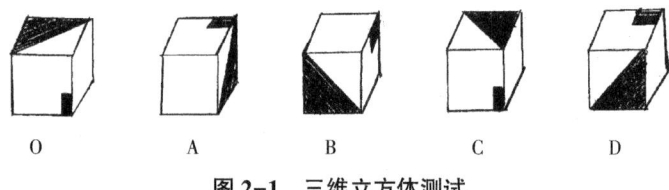

图2-1 三维立方体测试

学生在使用三维策略时，他们首先会构建出一个三维模型的心理图像，然后对其进行心理旋转以比较立方体中有图形标示的两个面不同模式的空间关系。相反，使用二维策略时，学生将立方体知觉并表示成为一个二维平面图形，忽略了图中看不到的立方体的三个面，通过对二维平面图形进行操作和识别。

（三）自我参照系策略和客体参照系策略

学习者在对环境中的物体进行定位时，常常依赖自我参照系和客体参照系两种参考框架。学习者对自身和物体在物理空间的位置和方向进行判断时需要参照某一个参照系。区分参照系的方法有很多，其中最为基础和经典的是将参照系分为自我参照系策略和客体参照系策略。自我参照系策略是指学习者对空间位置和方向的说明和判断是基于其自身坐标为基准的，即以自身身体的剖切面分为前—后轴、左—右轴和上—下轴。客体参照系策略有时也被称为环境参照系策略，是指学习者对空间位置和方向的说明和判断所依据的线索是以客观物体或者环境线索为基准的，诸如路标特征和"东、南、西、北"地轴线索等。这种策略的使用与学习者自身坐标无关,一般来说,这种客体参照系策略的方位判断是绝对方位判断,不受学习者自身位置和朝向的影响,具有较强的稳定性。比如,我们在日常生活中描述物体位置时,常常会提到钥匙在我右前方,此时对钥匙的方位判断就是以"我"自身身体的朝向为方向参照点的,依据的是自我参照体系策略。有时我们也会提到钥匙在餐桌上,此时对钥匙的方位判断就是以"餐桌"这一客观物体的位置为参照点的,依据的是客体参照体系策略。自我参照系策略和客体参照系策略广泛存在于学习者进行空间任务的活动中。

三、空间能力的认知研究

由于我们日常生活的各种活动都处于一定的空间中,这些活动的顺利进行依赖于我们内在的空间认知过程。人脑对客观事物空间信息进行的复杂的加工过程,便是空间认知。空间认知是个体对周围环境的一种空间感,涉及人类的空间意识,加工信息涉及物体的位置、形状、它们之间的关系和移动的路径。在日常的学习和生活中,个体的空间认知活动内容非常丰富。比如,学生在完成空间任务时常常会使用范围广泛的空间认知过程,并且研究发现这些空间认知过程的选择和使用过程非常复杂。普拉斯(2014)对四年级学生的空间任务研究中,提出学生在解决空间任务中最常见的认知过程包含:视知觉、心理表象、空间记忆(由于空间记忆依赖一系列空间信息加工活动,因此本部分将详细介绍相关的信息加工活动)、空间思维。并且基于他们的研究提出,学生在空间任务解决过程对所有空间认知过程的调用并非是独立的,而是交互作用和彼此建构的,这些认知过程在一个有先后次序的周期活动中构成了复杂的认知加工系统。下面将基于学生完成空间任务所需的内在认知过程分析来依次介绍这个空间认知系统。

(一)视空间知觉

1. 知觉与视空间知觉

一般而言,研究者将空间知觉描述为一种认知过程。在这个过程中,个体能够清醒地意识或者觉察并获得关于环境中的某种特定的知识。基于现代心理学的观点,知觉是学习者对当前直接作用于感官的客观事物的整体属性的认识。视知觉是一种非常积极的认知过程,包含了一系列先后次序的认知加工阶段。首先个体的知觉过程是一个意识清晰的状态,能够对当前环境中的相关信息进行搜索,并在此基础之上确认关于环境中事物的特征信息。基于这种特征线索信息,个体能够形成有关当前事物的大量认知假设。在获得多个充足的认知假设的基础之上,个体需要对这些关于事物的各种认知假设与记忆中的已有知识进行比较和判断,获得最佳匹配的认知假设将成为当前事物的一种最合理的认识或者解释,从而确定当前的物体是什么。有关这一系列复杂的视知觉加工过程的理解建立起两种对立的知觉观点:直接知觉和建构性知觉。在直接知觉看来,知觉就是直接从环境中获取信息,强调刺激属性和先天特质,主要支持的理论和实验证据是吉布森的直接理论或者生态理论。建构性知觉的观点看来,知觉是依据感觉和记忆构建的,强调理解和无意识推论,相应的支持理论和实验证据是布鲁纳的认知理论观点。

  吉布森的直接理论是基于其结构密度级差的实验而提出的。他们认为知觉是从刺激模式中直接提取有效的信息。由于周围环境为我们的生存提供了充分的信息,而我们的感官构成也使它有能力从周围环境中提取这些信息,当环境信息作用于感觉时,既不需要以前的知识经验,也不需要从物体与人眼的关系中,进行无意识推理,而是直接产生知觉经验。这种观点强调了认知过程完全依赖于由环境线索所引发的自下而上的加工,忽略了人类已有的经验在视知觉加工的重要性。认知理论基本观点则强调了知识经验对视知觉的影响。布鲁纳等人的知觉的假设考验认为,知觉是一种包含假设考验的构造过程,人通过接收和搜寻信息,形成和考验假设;再接收或搜寻信息,再考验假设;直至验证某个假设,从而对感觉刺激作出正确的解释,这被称作知觉的假设考验说。有时环境中的刺激是完全相同的或者并没有发生变化,但是我们的知觉却发生了变化,最著名的例子便是花瓶和人脸的双歧图(图2-2),这表明同一刺激可因为观察者的关注点不同而引起不同的知觉。并且在环境中不同的刺激却又可以引起相同的知觉,比如不同明度背景下的杯子,尽管颜色发生了变化,我们却仍然认为是同一个杯子,这种知觉的颜色恒常性反映了我们的知觉过程具有积极主动性和选择性,知觉是人寻求对信息的最佳解释的过程。

图 2-2 双歧图形

当前我们对视觉更合理的一种解释是认为知觉是现实刺激和过去知识经验相互作用的结果，强调感觉资料在知觉中赋予的意义。知觉是一个复杂的信息处理过程，它的主要目的在于认知外部世界中有什么东西，这些东西在什么地方，人的知觉系统怎样从这些特性中推导出外部世界的结构。事实上环境线索和过去经验在组织人类感知信息中都具有重要的作用。人类学家特恩布尔（1961）曾调查过居住在刚果枝叶茂密的热带森林中的俾格米人的生活方式，他描述过下面的一个实例：有些俾格米人从来没有离开过森林，没有见过开阔的视野。当特恩布尔带着一位名叫肯克的俾格米人第一次离开居住的大森林来到一片高原，肯克看见远处的一群水牛时惊奇地问："那些是什么虫子？"当告诉他那是水牛时，他哈哈大笑说，不要说傻话。尽管他不相信，但还是仔细凝视着，然后说："这是些什么水牛，会这样小。"当越走越近，这些"虫子"变得越来越大时，他感到不可理解，说这些不是真正的水牛。这个故事深刻地反映了我们的视知觉不仅受到环境线索的影响，同时也反映了个体已有生活经验对视知觉的作用。比如在远距离观察到这些水牛时，由于"近大远小"的视觉生理作用的机制，肯克认为这是一群小小的虫子。当他靠近后近距离观察到水牛时，根据以往有关水牛的知识经验，他知道水牛的体积是很大的，但是他缺少开阔视野的观察经验，也就没有经历过"从远距离观察水牛和近距离观察水牛大小不一致"这种知觉特性或者知觉现象，所以他认为"伴随着距离变化水牛大小会发生变化"这不是他关于水牛具有的特性这一知识经验，他认为这不是水牛。

这个故事深刻地反映了知觉是外部刺激与内部认知结构的相互作用。知觉依赖于感觉器官对外部刺激的觉察，并且知觉也依赖内部认知结构对感觉信息的组织及其意义的解释，这种解释来源于过去经验的作用。因此知觉的产生包括了对信息的两种相互联系的加工处理：自下而上加工和自上而下加工。自下而上加工是指由外部刺激开始的加工，通常是说先对较小的知觉单元进行加工分析，然后转向较大的知觉单元，经过一系列连续阶段的加工达到对感觉信息的解释。如根据图形的直线、曲线、边角等信息知觉图形。自上而下的加工是指在知觉过程中，人们运用已有的一般性知识概念对当前的信息加工，在这种加工中，知觉依赖的是自身的信息，由此可以形成知觉期待，对知觉现象作出解释。如我们可以对不存在的白色三角形进行知觉，形成错觉（见图2-3）。

图2-3 三角形错觉图

2. 视空间知觉的种类

研究者发现视空间知觉的种类繁多，其中与学生在完成空间任务过程中最密切相关的视知觉能力包括三类：第一类是图形—背景知觉，第二类是空间关系知觉，第三类是空间位置知觉。下面将依次做介绍。

第一类：图形—背景知觉。这类空间知觉能力是指个体从一个复杂的视觉图形背景确认并分离出某个图形和物体（或者是从一个指定物体中确定某个部件）的空间信息处理过程。比如下面的空间任务中，要求学习者在七巧板拼图（见图2-4）中找出，图中有几个三角形。

第二类：空间关系知觉。空间关系的视知觉是个体在两个或者更多视觉呈现的物体中通过视觉确定并描述物体间的关系的空间信息加工过程。比如描述桌子前面的两个物体的关系，或者描述视觉呈现的两个建筑物之间的空间关系。

第三类：空间位置知觉。空间位置的知觉是学习者观察并考虑其自身身体位置情况下确定并感知环境中物体位置的空间信息处理过程。事实上，空间关系知觉和空间位置知觉的不同在于后者强调了观察者自身位置在完成空间知觉中的重要性，也就是说空间位置知觉中，这种空间关系必然涉及物体相对于观察者自身的知觉。比如，我想要拿到杯子喝水，这时我需要清楚杯子相对于我自身身体的方位，我清楚地知道杯子放在我办公桌大约右前方一臂长的位置，只要朝右前方伸臂就能够到杯子。

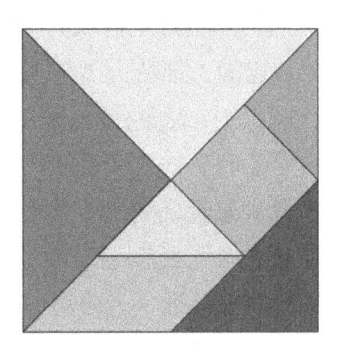

图 2-4　七巧板

通过对三类视知觉进行介绍和分析，可以发现空间的视知觉加工其实质就是学习者对周围环境的空间信息进行选择和知觉的认知过程，这些空间信息可以是空间物体的特定空间或者几何特征信息，可以是两个物体之间的空间关系信息，也可以是学习者自身空间位置和相对于其他空间物体的空间关系信息。而这些空间信息的知觉是依赖于学习者在认知系统中所创建的内在心理表象才能完成的。接下来就来讨论心理表象。

(二) 心理表象

心理表象的概念及其形成对于个体解决空间任务是一种非常重要的认知加工过程。然而正如空间能力的定义一样，有关心理表象的研究在众多研究中也表现出很大的差异。

在空间能力的认知过程中，空间心理表象常常被描述为学习者对环境空间信息进行加工并在大脑中所形成的表象。那么表象是什么？为了回答这个问题，可以先想象一个情景，比如一个人在公园散步时看到了一只鸟，那么这只鸟在他大脑中留下的记忆痕迹是什么形式？是一种关于鸟的形象或图画？还是一种关于鸟的特性描述，比如有毛的、会飞的、有翅膀等语义描述？亦或是我们汉语中有关鸟的汉字,既包含鸟的一定形象特点又包含了其一定的抽象符号意义。不论这个观察者头脑中所存储的是怎样的形式,这种对信息记载或表达的方式在认知加工中称为对这种信息的表征,并且是一种心理的、主观的存在。各种表征和它所代表的事物之间存在一种映射关系,而不是一一对应的关系。心理学上表征的方式实际上就是信息在头脑中的编码方式,这些方式是多种多样的,如视觉形式、言语听觉形式、抽象概念或命题形式。那些具有形象性特征的表征就是表象,它只是表征的一种形式。

很多学者对表象的一个普遍认识是将表象看作是类似知觉的信息表征,表象常常和知觉是连在一起的,即研究者普遍认可表象与知觉的机能等价的观点。奈瑟尔(1972)认为,表象是应用知觉时所用的某些认知过程,只不过这时没有引起知觉的刺激输入而已,后来又把表象看作对知觉的期待。科斯林(1980)把视觉表象看成类似于视知觉的人脑中的图画,或类似图画的信息表征。这些观点强调了表象与知觉的机能等价。个体的空间表象是对环境中的空间信息进行编码的形象。冯克(1989)则认为心理表象是个体对经验的一种心理构造或者重建,至少在某些方面类似于或者代表了真实经验的物体或者实践。这种表象有时能够与直接的感觉刺激进行联合建构,有时在没有直接感觉刺激时能够进行独自建构。目前在认知研究中,撇开否定表象的独立地位的观点不说,尽管这些对心理表象的理解还有不少差别,但存在一个重要的共同点,就是仍将表象和知觉连在一起,将表象看作是类似知觉的信息表征。这些观点都强调了表象与知觉的机能等价。

事实上,为了准确把握表象的概念,表象研究将无法绕开关于表象的关键议题:即表象是否独立存在?有些研究者认为不存在独立的表象表征,人脑中的信息不是形象成分,而是以一种抽象命题的形式储存和记录了物体、事件以及它们之间的关系。另外的研究者则主张将表象看作是一种独立的信息表征形式,存在一种独立的心理图画,将视觉表象看成人脑中的图画或者心理图画。于是关于"表象是否独立存在"这一议题就产生两种对立的观点流派:反表象派和表象派。

反表象派主要是皮力西恩等概念命题假说。他们对表象论提出了两方面的批评。其一,若把表象看成是头脑中的图画,以形象的形式加工和储存信息,将超出大脑的容量;其二,信息以视觉形式储存,会无法解释对毫无联系的概念之间的关系的认识。因此,头脑中的表征不像图画,也不像词,而是一种能包容二者的共同的形式,即抽象的命题表达。基于这种观点,人类的知识本质上是概念性的和命题性的,而不是感觉的或形象的。命题所采取的形式与句子的"表层结构"相似,而概念则与"深层结构"相似。

表象派的理论包括佩尔夫(1975)的双重编码假设和谢泼德(1970)的功能评价假设。双重编码假设认为表象是独立存在的,这种观点将表象看成是与言语相平行和联系的两个认知系统。他们提出个体的记忆系统中存储了表象系统和言语系统用于解释外界信息的表征。表象系统是具有形象性特征的表征,心理表象是人脑对不在眼前的物体或事件的心理表征。语义系统是具有命题性特征的表征,语义组织是指概念在记忆中的组织和建构方式。这两个系统可分别由有关刺激所激活,信息的编码和储存在语言和表象的一个系统(或两个系统)中进行,两类系统的不同信息可以相互转换。谢泼德基于他们的心理旋转实验提出了功能评价假说。他们认为,表象与感知具有高度相似的特征,被试图像的内部表征能够按照一定速度进行旋转。

通过对语言和图画的实验结果,研究者发现学习者对物体的大小主要是以表象来表征的,语言信息需要转换为表象再行判定。这些实验结果不仅为表现的存在提供了实验证据,而且提出了表象表征不同于语言的一些特点,如视觉表象之间具有空间特性,比如大小效应、距离效应等。这些表象的空间特性研究也表明,个体对心理表象能够进行空间排列,就像他们对物理空间的物体进行空间排列一样,心理空间的变换和物理空间的变化显示了类似的动态特性。但是作为所知觉的外部刺激的心理表征,并非所有的心理表象都需要一个真实的物体与其一一对应。比如"猪八戒"这个人物形象,其实是结合了现实的猪图像并增加一些人类的认知和需求特点所创造的一个新的心理表象。因此心理表象创造加工是一种主观的加工,通过建立在个体已有的知识基础之上使得能够创建一些新生成的心理表象从而用于个体在环境的空间记忆和空间行为,这些依赖于个体在空间任务中的空间信息加工。

(三) 空间信息加工

1. 信息加工的观点

信息加工是什么?认知心理学家奈瑟(1967)提出信息加工包括感觉输入的变换、简约、加工、存储和使用加工阶段的全过程。这一段有关信息加工的描述涉及现代认知心理学的基本问题：信息是什么？加工是什么？加工阶段的顺序是怎样的？为了回答这些基本问题，首先，有关对信息的理解，钮厄尔和西蒙（1972）提出，信息加工是操纵符号的过程，符号含义很抽象也很广泛，既可以是物理符号、光波声波等，也可以是人脑中的抽象符号、语言表象等。其次，加工是什么？加工阶段的顺序是怎样的？按照钮厄尔和西蒙的信息加工观点，信息加工是由一系列阶段组成的。因此可以将某种心理现象分解为一系列阶段，每个阶段是一个对输入的信息进行某些特定操作的单元，而反应则是这一系列阶段和操作的产物。信息加工系统的各个组成部分之间都以某种方式相互联系着。

基于这种现代认知心理学有关信息加工的理解，学习者解决空间任务的过程可以分解为一系列复杂的信息加工。为了理解和操纵周围环境，需要对环境或头脑中的空间表征进行平移与旋转、分解与组合、抽象与概括、定向运动等信息加工。这些研究成果使人们不断深入理解学生的各种认知操作过程，也为空间能力的测量与训练提供了方法与依据。

2. 空间信息加工的分类

在现代认知科学领域，引起研究者广泛关注的空间信息加工包括了四大类：学习者对环境和内在的空间表象所进行的心理旋转、空间观点采择、心理折叠与心理展开、空间巡航等信息加工活动。

第一类：心理旋转。心理旋转是对心理的空间表象进行认知操作的活动，在日常生活里诸如地图识别、工具使用等过程中，个体往往需要对视空间的心理表象进行一定的心理旋转。谢波德和梅茨勒（1971）最早提出了心理旋转这一概念，用于描述学习者在头脑中想象某一对象从一定角度旋转到另一个角度的心理现象。他们把心理旋转看成是一种类比过程，即心理旋转也要经过一些中间环节，与客体的物理旋转是类似的。此时空间表象与外部客体不是一一对应的关系，而是一种同型（同构）关系。同构是指内部表征的机能联系与外部客体的结构联系是相似的，如同锁与钥匙的关系，它们虽是不同的客体，但在机能水平都有一一的联系，即一把钥匙开一把锁。

第二类：空间观点采择。空间观点采择属于一种观点采择，最早对观点采择进行研究的是皮亚杰对幼儿进行的三山实验。三山实验所用实验材料是一个包括三座高低、大小和颜色不同的假山模型，其中一座山上有一个红色的十字架，另一座山上有一间小房子，第三座山被白雪覆盖。实验首先要求幼儿面对模型而坐，然后放一个玩具娃娃在幼儿的对面，也就是模型的另一边，要求被试者指出玩具娃娃看到的三座"山"的样子，结果发现这个玩具娃娃看到的和幼儿自己看到的一样。由此皮亚杰认为，幼儿在进行判断时是以自我为中心的，用这个实验来说明幼儿的自我中心。自我中心是指幼儿只能从他自身的视角来认识世界，他认为其他人眼中的世界与他自己眼中的一样，这里提出的自我中心是一种幼儿关于世界的有限视角。伴随着思维能力的发展，儿童逐渐能够推断别人的内部心理活动。也就是说，幼儿不仅是以幼儿自身的视角理解世界，同时能够转换视角从而以他人的视角来理解世界，清楚他人的视角和自己的视角是不同的。观点采择的本质特征在于个体认识上的去自我中心化，即能够站在他人的角度看待问题。为此，儿童首先必须能够发现自己与他人观点之间潜在的差异，把自己的观点和他人的观点区分开来。因此观点采择指个体在对自己与他人的观点（或视角）进行区分的基础上，理解他人所处的观点下的情景，并推断此人如何对这一情景进行反应的能力。而空间观点采择是指个体表征他人所看到的空间世界的能力。但是，此处的"他人"并不仅是除了自己以外的其他人，准确的定义是指空间中的某个想象的个体，因此有时空间视角采择也指个体表征自己所看到的世界。

第三类：心理折叠和心理展开。心理折叠和心理展开是一种空间想象活动，依赖于学习者对客观事物的空间形式（包括二维空间、三维空间）进行认知操作。学习者通过对自身内在的空间表征进行操作在二维图形和三维图形进行变换的信息加工。心理折叠是指学习者需要在大脑中对二维空间图形进行翻折、叠放等操作将其转换成三维空间图形；而心理展开则是心理折叠的逆过程，即在大脑中将三维空间图形转换为二维空间图形的过程。心理折叠和心理展开作为个体对空间图形的信息加工能力，要求个体能够区分二维或者三维图形内部的各个要素之间的关系，无论是二维图形向三维图形的转换还是反向的转换。这种信息加工过程建立在学习者对空间与平面相互转化的理解与把握上，是其对二维图形和三维图形和性质的感知与领悟。

第四类：空间巡航。空间巡航是体现在日常生活中最普遍最复杂的一种空间认知活动。具体而言，空间巡航是指个体为了到达一个特定的位置，开展了一系列活动：在空间巡航初期建立行驶计划、在行驶中进行位置更新和朝向更新，以及迷向后重新定位并设定到达目的地的行驶计划等多个过程。

比如，我想要去距离我家最近的一个超市或者其他地方，需要包括空间定位、路线计划、执行以及堵车或者迷路时重新定向修改路线等一系列空间活动。从这个定义中可以发现，空间巡航依赖个体的空间表征和空间记忆，分别对应于之前对空间活动进行定向调节的空间知识以及保证空间活动能够顺利进行和完成所需的空间技能。

定向运动是一种特殊的空间巡航活动，是参加者借助于地图和指北针，按顺序到访地图上所显示的各个点标，以最短的时间跑完全赛程的运动。参与定向运动的基础首先是认识地图的比例、地物符号，建立地图与现实环境之间的空间、几何的对应关系。从信息加工角度来解释，定向运动是参加者从空间环境中获取信息，并对这些信息进行加工、处理，选取有效信息来选择道路并确定目标点的过程。其中信息的来源主要有两个，一是地理空间环境（包括山地、道路、路标、植被以及它们之间的关系等），二是地图。运动员必须具备一定的空间认知能力才能够从空间环境中获取有效信息，有良好的空间表征与空间推理能力的人更容易在陌生的环境中探路。因此，定向运动员在解决空间任务中需要进行获取信息并判别方向等信息加工。

3. 空间信息加工与数学教育

在数学教育研究领域中，研究者运用空间信息加工能力发展规律理解学生的几何学习过程。在小学不同年级的几何教育课程改革中，就充分利用了空间信息加工的知识和技能来设计和安排课程。

一至三年级学生主要学习常见立体图形的识别与分类、方位的辨别与描述、感知图形的平移、旋转与轴对称。其中，学生对"常见立体图形的识别与分类"，比如学生能够正确识别出常见的三角形和四边形，并能够对三角形和四边形进行分类，区分出生活场景中常见的直角三角形、等边三角形和等腰三角形或者平行四边形、正方形和矩形的实物和图案等，这些都依赖于前文所介绍的空间知觉的"图形—背景"知觉能力。而学生对"方位的辨别与描述"则不仅依赖于空间知觉的空间关系知觉和空间定位知觉，还依赖于学生语言理解和表达能力的发展，特别是对场景的空间语言词汇的运用，比如，他们是否能够运用大小、上下、左右、前后等语言符号表征来熟练表达环境的空间信息。这些基本的空间知觉和空间语言是学生整个空间能力发展的认知起点。而学生在"感知图形的平移、旋转与轴对称"则涉及学生运用内在形成的心理表象对客观物理环境中的空间信息进行平移、旋转和轴对称等信息加工的过程，也就是学生能够对心理表象进行心理旋转的信息加工过程。四至六年级学生在深化已有知识的基础上，增加常见立体图形的平面展开特征、辨认从不同方位看到的物体的形状和相对位置、了解体积的意义及常见立体图形体积的度量方法。这些空间信息加工反映了学生对二维图形和三维图形的直观把握。

（四）空间思维

1. 思维与空间思维

学习者能够在视觉水平知觉一个空间物体并在此基础上对内在生成的心理表象进行信息加工时，个体必然会产生空间思维过程。什么是思维呢？思维是个体内部一系列的心理事件的有机整合，目的是完成日常生活的真实行为和任务。在卢里亚（Lurija，1992）的神经心理学研究中，将思维过程看作是一个加工过程的集合，可以分为三个阶段：面临情境、情境表征和策略性思考。首先，学习者是在面临情境时才引发了其思维过程的，即思维过程通常是由个体面临一个任务或者问题情境所激发的。这种情境是在个体已有经验或者惯有的方法无法解决时，非常紧急且迫切地为这种困境找到新的解决方案。其次，情境表征是个体对困境进行分析和探索的操作过程。在这个阶段中，个体分析解决困境的任务需求及其具体条件，确认其中最重要的特征属性并对其与已有条件进行比较，探索各种解决的可能性。最后，策略性思考是个体基于任务解决的不同可能性形成不同备选方案，然后做出任务解决的具体计划和行为策略。因此，可以看出卢里亚对思维过程的三个阶段定义与数学教育中的问题解决和元认知是紧密相关的。思维过程可以看作一个进行问题解决的过程，是由一定的情景引起的，个体按照一定的目标，经过一系列的认知操作使问题得以解决的心理过程。

通过这种将思维过程与问题解决过程紧密联系的描述中，可以发现思维过程的阶段具有如下特点：其一，目标指向性，即问题解决的活动必须具有明确的目的。目的明确说明思维过程是一种指导性思维，即目的决定思维的全部步骤，并评价每一步骤对达到最后目的的价值。所有的问题都是基于问题出发的，必然存在一种由问题所引导的指导性思维贯穿问题解决始终。其二，操作序列性，即问题解决必须经过心理活动的序列。因此问题解决必然包含一系列有时间先后顺序的序列活动，而非单一的心理活动。问题提出后,在思维中形成一个心理图式。这个图式包括问题和目的,并用解决过程的各个步骤去填充,而且这些步骤可以被改变和变更。问题解决的心理序列似乎像一个思维的连锁,但这个连锁不是自由连锁构成的。其三,操作的认知性,即问题解决时所进行的操作活动需具有认知的成分。心理图式在头脑中形成思维阶梯的层次包括了:一般方案、原则上的解决途径和具体化解决办法。思维阶梯组织的操作活动是基于稳定且具有灵活适应功能的认知表征结构完成的,在思维阶梯组织中存在着自动化与组块过程。思维序列中有很多自动化成分,尤其在具体步骤中的一些环节和细节是可以自动化的。这种自动化现象体现为组块过程,即思维操作的小单元联系起来成为大单元,在联系起来的小单元间不需插入意识监测,思维活动即可以用大单元来进行。

2. 空间思维的分类

空间思维过程是由空间问题情境所引起的,本文重点介绍学生在解决数学活动与空间任务中相关的两类空间思维过程:空间语言和空间推理。

空间语言,个体在解决各种数学活动和空间任务中常常需要使用空间语言来描述事物间的空间关系。乔姆斯基的心理语言学研究表明,语言是一个生成系统,在任何一种语言中,都可以说出无数的符合一定规则或语法的话。他提出言语是按一定语法规则组织起来的,并提出生成转换语法理论。具体而言,句子有表层结构和深层结构,转换语法能够在一种结构和另一种结构之间进行转换。表层结构涉及句子的形式,而深层结构涉及句子的意义,存在着所有语言的共同因素,它们反映着人的认知包括言语的学习和生成的天生的组织原则。研究空间语言的挑战是,关于空间语言和空间认知的关系一直存在争论。儿童随着年龄增长,学会了使用空间语言来描述空间关系。但是有趣的是,儿童在学会使用语言描述空间关系之前就已经开始探索世界。

关于空间语言与空间认知关系的争议主要有两种看法:第一种观点是语言决定论,第二种观点是反驳语言决定论。语言决定论主张语言塑造经验,不同语言间的结构差异导致认知差异。一个人所学的特定语言决定了他看待这个世界的方式。空间语言对空间认知的决定性表现在两方面:其一,空间语言决定空间认知。在空间活动中,空间语言是空间认知形成所必须的,语言能引导儿童关注空间信息,可以从根本上改变对空间信息的处理。空间语言之所以影响空间认知,是因为空间语言对空间关系进行编码,提高了人们匹配空间关系的能力。其二,空间语言是空间认知的工具。前语言阶段的儿童能够区别空间关系类别。在空间关系不太容易辨别的情况下，对儿童进行空间语言的输入可以促进类别的习得。例如，训练"高"这一词后，儿童习得了这一关系，能够在很多空间任务中运用高进行分类。这表明空间语言可能对一些空间范畴的形成是必要的。反驳语言决定论的学者认为尽管语言之间的结构有很大差异，但它们并不能完全决定人们对世界的看法。迪昂的研究团队对几乎没有空间语言文化的亚马逊部落人进行了研究，发现许多空间任务的解决可以没有空间语言的帮助。这一结果说明空间语言不是空间认知发展的必需品。然而将亚马逊部落人与美国儿童和成人的空间任务测试结果进行比较，却揭示了空间语言和空间认知的复杂关系：受过空间语言训练的美国白人相比没有或较少接受空间语言训练的亚马逊部落人，无论成年人还是儿童，前者的空间任务表现都要优异于后者的空间任务表现。这表明空间语言可能对空间认知的发展有显著的影响，二者并非有谁占主导地位，空间语言和空间认知可能同时发展，它们可以通过日常经验相互建构。

空间推理有时也叫做空间关系推理，是演绎推理中涉及空间内容的一种关系推理。在标准的三个对象的空间推理任务中，被试阅读两条描述空间关系的前提，然后要求推论前提没有明确提及的关系。举一个比较简单的空间推理的例子：小明比小强高，小强比小刚高，那么小明与小刚的身高关系是怎样的？很容易得出小明比小刚高。人类是如何表征前提的？对此心理学上有三种不同的观点，即心理逻辑理论、心理模型理论和表象理论。心理逻辑理论主张人类以命题或语言来表征前提，并通过对形式规则的操作进行推理，推理问题的难度由得出结论所需要的规则数量和每条规则的难度决定。相反，心理模型理论认为，推理不需要应用逻辑规则，而是通过对心理模型的建构与操作来实现，心理模型的数量决定了推理问题的难度。而表象理论认为，推理过程是借助结构上类似于知觉的心理表象而实现的。

四、空间能力的心理研究

如前文所述，空间能力的心理研究模型有很多，但对数学教育引起广泛影响的经典模型主要有两个，分别由瑟斯通（1950）和林恩（1985）提出。由于模型所涉及的空间成分与前文的空间知觉、心理旋转、空间信息加工和空间思维内容有重叠，因此本部分简单介绍两类模型如何建构和认识人类空间能力的结构。

瑟斯通的智力研究理论提出七种智力：

语词理解（Verbal comprehension，V），理解语词含义的能力；

语言流畅（Word fluency，W），语言迅速反应的能力；

数字运算（Number，N），迅速正确计算的能力；

空间关系（Space，S），方位辨别及空间关系判断的能力；

联想记忆（Associative memory，M），机械记忆能力；

知觉速度（Perceptual speed，P），凭知觉迅速辨别事物异同的能力；

一般推理（General reasoning，R），根据经验做出归纳推理的能力。

在此基础之上，瑟斯通通过区分三种空间因子提出了空间能力模型——视觉化（visualization）、空间关系（spatial relation）和空间定向（spatial orientation）。视觉化是个体对图形中的某个部分进行视觉操作，比如想象某个部位运动或者进行内部的心理模拟位移；空间关系是个体能够从不同角度对一个物体进行准确的辨别和确认；而空间定向是考虑到观察者自身朝向的情况下确认空间关系，这种情况下观察者自身的朝向会影响空间表现。瑟斯通的心理模型是第一个有关空间能力的模型，作为一个对个体在空间活动中所涉及的空间成分简单描述的心理模型，这个理论框架相比其他模型较为粗糙，但是为后面的研究打下了研究框架和基础。

林恩等人通过关注学生在解决空间任务的不同策略，提出了另一个空间能力的结构模型。通过对172个研究进行元分析，提出了空间能力的三个成分并且给予了相应的空间测试，这些测试能够用于测量不同的空间成分。这个模型包括空间知觉、心理旋转和空间视觉化。空间知觉表示个体基于自身身体朝向来确定空间关系的能力，心理旋转是个体能力对二维图形或者三维物体进行快速准确地旋转，空间视觉化是个体对空间信息进行复杂的一系列操作从而完成空间任务的能力。这一模型的优点是模型的每个成分的定义和测量是通过认知测试进行界定的，有理论依据且可量化。对于空间能力的研究而言，作为一个抽象的概念或许模型在认知层面更容易理解，同时由于该模型提供了可测量的题目，更有助于对空间能力的不同成分进行量化评估。

五、空间能力的差异研究

有关空间能力的性别差异研究引起研究者广泛关注，男性和女性的空间能力存在差异有大量研究证据。但是有趣的是，也有大量空间任务研究未发现空间能力的性别差异。这可能意味着男性和女性擅长不同的空间认知能力，因此在解决不同空间任务中，可能发挥各自所长。由于研究中所采用的空间任务不同和男女所擅长的空间能力不同，导致研究中出现了不同的结果。林恩研究发现存在空间能力的性别差异；在涉及空间知觉和心理旋转的空间测试中，男性表现优于女性；在空间视觉化的空间测试中，男性表现和女性没有差异。

空间能力的差异研究具有一个较长的研究历史，并且直至今日仍然存在很多争议，是一个值得研究和仔细探讨的领域，因此将在后面章节详细探讨。

第三节　空间能力的特性

一、空间能力特性概述

当前，空间能力受到来自心理学、神经科学、计算机科学、学习科学、生命科学、教育学等不同领域研究者的广泛关注，成为近年来兴起的新兴交叉学科——教育神经科学中聚焦的一个研究热点。理解空间能力发展的本质以及通过训练来提高空间能力是该领域研究的重要课题和根本任务。这其中的关键问题是，个体的空间认知能力是如何形成、表征、发展、变化的？这些问题的回答离不开对空间能力的本质特性和发展规律的准确把握和理解。结合第一章活动论和系统论对能力特性的分析，接下来将介绍空间能力的四个特性：过程性、调节性、结构性、稳定性，将空间能力的四个特性进行分析可能对理解空间能力发展的本质及其教育干预提供理论依据。

（一）空间能力的过程性

个体空间能力的过程性是指个体的空间知识经验的习得过程，是通过个体在不同情境中对已经学会的经验的迁移而完成。经验迁移中，个体必须将不同时间、不同地点、不同情境中的空间活动经验整合为一个整体的网络型结构，这样作为结果的经验结构才能形成，最终形成个体独特而稳定的空间知识，才有可能对空间活动进行普遍的稳定的调节作用。

研究者对人类空间能力的形成和发展从种系发生和个体发生两个角度展

开研究。种系发生学研究是从比较心理学的视角关注空间能力在从动物到人类的演化过程,而个体发生学研究是从发展心理学的视角关注空间认知在人类个体出生后的毕生发展。种系发生学和个体发生学两个维度的研究提供了一个比较的框架,当我们想要关注人类个体空间能力的形成发展和变化时,我们需要在一个生物演化的框架和发展的框架中理解人类个体,这其实是一体的。在这样一个种系发生学和个体发生学的研究交汇的视野下,有关空间能力如何形成,即空间能力发展的本质是什么,就产生了两种理论取向:先天论和建构论。先天论主要以模块论为基础,提出人类的空间能力是生物进化的产物,人类天生就有关于物体和空间的知识,这些知识随着后来语言的习得而得以扩充。支持先天论的证据来自心理学、生物学、认知科学和神经科学的研究结果。这些领域的研究发现,人类和动物普遍存在不同的空间学习类型的神经元细胞,人类和动物普遍存在特征模块和几何模块两类空间知识,人类和动物普遍存在路径整合和视觉加工两种空间技能。后天论主要以建构主义为基础,认为人类的空间能力是生物与环境交互的产物,人类的空间知识和空间技能是通过与世界的相互作用而自然发生和获得的。这种观点得到了来自于新建构主义、数学建模(贝叶斯分析)的相关研究对儿童和成人所获得的实验结果的支持。未来需要研究者基于跨物种比较研究、毕生发展研究和社会文化环境在动物、婴儿、成人和社会文化发展的理论框架来探索并解释目前存在争议的科学发现。

(二) 空间能力的调节性

空间能力的调节性主要是指个体所进行的任何一个空间活动本身是一个系统,因此从系统论和活动论的角度来看,个体的空间能力对不同空间活动必然存在一种普遍的控制特性。这种控制特性能够适时适地对空间活动所产生的各种变化进行调节,控制整个活动的操作,从而保证空间活动朝着既定的方向完成。以生活中最常见的下班回家的场景为例来解释空间能力的调节性。比如,当我们经常走的下班回家的某段路因为修路不能走了,此时需要我们重新确定当前位置、家的位置以及二者之间的空间关系,重新制定回家的新路线来重新完成回家这一空间活动,并在重新制定路线的行进过程中,坚定不移地完成路线。再比如,由于我们不常走这条路线,发现自己在行进过程中迷路,此时需要重新确定位置、规划并调整路线。我们在回家路途中所遇到的困难和阻碍需要调用我们有关环境的地图知识，以及我们的空间定位能力、空间运动能力和空间巡航能力。有趣的是，在真实的巡航过程中，个体的空间表现却千变万化。当人们到一个陌生的城市出差或者旅行时，当我们在酒店、饭店、景点、商城、工作地点穿梭时，有些人只需要走一次路就能找到不同位置的捷径，而有的人却连基于导航设备来确定自己的位置到达目的地都有困难。这说明我们的空间巡航能力不仅受制于我们有关环境的空间表征、空间定向、空间运动能力，也受到每个人对不同空间巡航策略进行选择的差异，这种空间巡航策略选择的差异表现在不同性别、不同文化、不同年龄群体之间。

由于我们的空间能力具有调节性，所以我们对空间活动的调节就必然存在个体差异，这种个体间的差异是怎样的？对空间活动的调节有何影响？这种调节的差异性是如何发生的？是何时发生的？这产生的一系列问题伴随着一个重要的研究议题，就是空间能力的标准化和个体差异的争议。

一种研究取向是关注个体空间能力的标准化发展。传统的空间认知发展的研究群体一直对详尽地说明标准化发展的问题有着浓厚兴趣。基于心理测量学的研究框架，研究者采用纸笔测验，通过团体施测对个体的空间认知标准化发展进行详尽地说明和研究。另一种研究取向是认为空间能力发展存在不可忽视的个体差异，并且这种个体差异对空间能力的发展有至关重要的影响。有关空间认知能力发展的个体差异的测试在早期研究中往往被忽视。近来，一个元分析研究对过去有关空间认知发展的高质量研究结果进行分析后发现，出现在幼儿期的个体差异在整个童年期和青少年期有逐渐扩大的趋势。这提示个体差异是广泛存在的。

（三）空间能力的结构性

个体空间能力的结构性包括空间知识和空间技能。

空间知识方面，个体的空间知识是其完成空间活动所需的相关经验，包括两部分：个体对空间活动目标的经验、个体对空间活动性质的辨认和活动程序的确定。首先，个体对空间活动目标的经验，概括为有关空间环境的知识和经验，主要是指个体内在的客观环境相关的空间表象和空间表征。这些经验用于支持个体完成空间活动目标的一系列操作，能够对当前空间活动情境进行辨认和分析，并能够预测空间活动情境各种变化的可能性。其次，个体对空间活动性质的辨认和活动程序的确定，概括为有关空间活动完成的步骤及其策略知识，即选择适合当前空间任务情境的空间参照系策略完成相应的动作。有关空间表征和空间知识的研究中，以空间巡航这一最复杂也是最普遍的空间活动为例，研究者通过以鼠类、鱼类、鸟类等不同动物和人类在各种空间巡航活动的表现进行比较和分析提出一个具有较大影响力的理论假设：模块假说。该假说认为生物体在空间巡航过程中形成了环境的几何模块和特征模块用于指导空间巡航。个体对周围环境线索的加工依赖于几何模块和特征模块两个认知单元：个体依靠几何模块能够编码环境中的长度、距离、角度等几何线索信息，比如，动物的迷宫任务和人类的日常购物、回家、聚会等空间巡航任务中，个体都是记住迷宫结构或者熟悉城市街区后，采用右转、左转再右转的几何信息到达目的地；个体依靠特征模块能够编码环境的特殊物理刺激（如颜色、纹理、味道）或者特殊地标信息，比如老鼠在迷宫任务中通过特殊的气味来确定目的地，人类在城市巡航中通过特殊的商场标志或者地标定位来确定目的地。但是目前无论是动物的空间表征研究还是人类的空间表征研究都有很多争议需要进一步探索。比如，特征模块和几何模块在个体的空间巡航情境中是如何交互作用的尚不清楚，对两种模块的关系存在掩蔽说、独立说、增益说三种不同观点。又如个体在空间巡航中，可能会同时或者交替运用地标、路线和地图等不同的巡航策略，基于这些策略引导的链条式动作行为来完成空间巡航。而更关键的问题是，尽管研究者对个体采用不同空间巡航参照系的认知机制、神经结构和神经活动规律方面进行了大量的探索，但是关于认知地图的本质，无论在认知、神经甚至生物基因层面还有很多未知问题有待研究。有关空间表征的研究，未来仍然有很长的路要进行。

空间技能包含个体完成空间活动所需要的动作技能和心智技能。其中，个体的空间动作技能的操作对象是物质性的客体。当我们想要完成抓取物体的空间活动时，比如拿取桌子上的水杯，对应的空间动作技能的操作对象是水杯，即物体。而我们在回家这一空间巡航任务中，对应的空间动作技能的操作对象是我们自身处于空间运动中的身体，并且我们自身机体的运动提供了运动的反馈传入信息。而个体的空间心智技能的操作对象是事物的表征，即观念。比如拿取桌子上的水杯，对应的空间心智技能的操作对象是手和水杯的空间关系，涉及二者的空间距离和空间朝向。而我们在回家这一空间巡航任务中，对应的空间心智技能的操作对象是环境的认知地图，需要通过探索活动模式的内化才能形成。

目前有关动作技能的研究中，以空间巡航这一最复杂也是最普遍的空间活动为例，路径整合是研究中最有活力也最有争议的一个关键问题。路径整合主要关注个体在空间巡航过程收到的自身机体运动系统传来的路径整合反馈信息，这在动物研究和人类研究中都成果丰富。然而相比动物研究，人类研究的一个特殊之处是，人类在空间巡航高度依赖视觉系统的信息，比如在很多人类研究中采用视觉光学流来探究人类对视觉系统传来的信息的加工机制。因此在人类的动作技能研究中，人类个体对机体运动的路径整合信息与视觉系统传来的环境特征信息如何整合成为一大热点。而有关空间巡航所需要的心智技能可能最重要的就是空间更新，与之相应的神经现象成果不断积累，有助于未来我们真正理解人类的认知地图之谜。

（四）空间能力的稳定性

空间能力作为一种个性心理特性，对空间活动具有经常一贯的调节作用，否则就不能称为个体特性。因此，空间能力的作用机制必然是一种稳定性机制。这种稳定性表现在不同情境中具有广泛的适应性，并且是经常一贯地发挥调节作用，而不是时有时无、时强时弱地调节。这就要求空间认知的知识经验和技能经验必须是概括化与系统化的。首先要因时因地地将空间经验分门别类对应于具体的不同的活动情境，比如空间巡航的早期、中期和后期分别依据任务难度分别采用地标、地图和路线等不同空间策略的链条式空间表征来完成任务，这保证了不同情境下任务完成的精准性和可靠性。同时还要将空间经验相互连通地统一于个体深层的抽象经验，即所有的经验之间能够相互贯通并且纵横相联的网络型和类化的经验结构。比如在熟悉情境中采用路线策略是一种简单高效的策略，可是一旦原本的计划路径发生故障无法继续行驶，也就是原本擅长的空间策略无法满足当前任务时，个体能够灵活迅速地找到替换的路径从而到达目的地，这本质上反映了应对不同空间情境任务时个体空间经验的灵活性和适切性。比如之前我们回家路线的例子，当采用熟悉的常规路线失败时，比如遇到修路、迷路等突发情况时，需要我们采用地图策略设计新的路线，即调用不同于往常的空间经验来完成空间任务，这种调整是基于我们本身具有的稳固空间经验才能完成的。

空间能力研究与教育启示

神经发育学研究表明，个体空间能力的稳定性所依赖的这种类化的经验结构的认知形成过程，对应了大脑的神经发育过程。过去研究者认为在婴儿关键期后，大脑结构不发生变化，因而空间能力是固定的，但这种观点越来越受到质疑。近来有关空间学习的认知训练和神经调控都表明人类的空间学习能力是可变的，人脑结构会随着空间学习的经验而发生变化。目前有关大脑与空间能力可塑性的研究证据主要来自两方面：认知训练和神经调控。

在认知训练方面，很多证据发现个体的空间能力可以通过个体对空间线索的使用和锻炼而得到很大提高。无论是空间能力很好的人还是缺乏空间能力的人，都可以在空间能力方面取得更好的成绩。此外，元分析研究也提示多种干预手段可以从实质上提高空间认知能力，包括学术课程、具体任务的练习和调用空间能力的电脑游戏等。比如俄罗斯方块任务，个体为了完成这类空间活动，他们需要依靠心理旋转来使用空间线索。这种训练对个体空间能力的提高效果是持久的，并且可以迁移到其他任务和情境中。比如小学生的七巧板练习，低年级的学生在课堂上经过每周一次的七巧板游戏后，进入高年级的小学生对几何图形的特性的空间认识能力明显提高。又如折纸任务练习，大学生经过为期三周的每日心理旋转或折纸训练后，训练效果会迁移到新的测试项目中，甚至迁移到他们并没有练习过的其他空间任务中。

神经调控方面，采用不同的脑科学技术研究发现，采用特定的神经调控能够有效提高个体的空间认知能力。比如通过磁刺激、微电流刺激、闪光刺激（频率为40Hz）等物理刺激手段来改变大脑神经细胞间的联结，个体的空间任务表现会提高。比如，小鼠的光遗传研究发现，通过给予 AD 小鼠特定频段（γ波：40Hz）的物理闪光刺激能暂时减少小鼠脑中的 AD 致病蛋白沉积，提高了小鼠在迷宫任务的空间学习表现。这些研究表明空间能力是可以改变的，进一步的证据还包括来自 VBM、fMRI、DTI 研究发现，个体在空间巡航训练中的结构形态改变主要集中体现在海马区。这些研究提示，个体空间能力提升的神经生理基础是海马结构的改变。来自伦敦的研究者对出租车司机和公交车司机的大脑结构进行比较发现，相比路线学习的公交车司机，进行地图学习的出租车司机的海马皮层厚度增加，同时与海马相连接的杏仁核、旁海马、内嗅、嗅周和眶额皮质也显示出相同的皮层厚度增加趋势。但是神经可塑性在日常生活实践中该如何实施和展开尚未形成可靠的研究路径。

二、空间能力的研究议题

在《深化儿童发展与学校改革的关系研究》中叶澜提到："成人世界和儿童世界之间是否存在转化的通道，如何转化、转化的核心问题是什么、在神经系统中如何发生等一系列问题都要求我们放到生境中去作深度研究"。下文将从空间认知的发生、变异、表征和可塑性四个基本议题对未来空间能力的研究方向进行论述，期望为空间能力教育及 STEAM（自然、科技、工程、艺术和数学学科）相关领域的研究提供科学启示和理论依据。

（一）空间能力的发生

有关空间能力的发生存在先天论和经验论两种对立的观点。首先应该把先天论——经验论之间的争论看作是一种新的探索，通过这种探索对以下几方面加以理解：空间能力发展的起点、关键性环境输入信息的性质及其时机的掌握，以及从起点开始在整个发展过程的某个时间点上儿童是如何使用环境输入信息的。这个主题我们称其为个体空间能力的形成问题，研究者关注的核心问题是个体空间能力是如何形成的，即人类空间能力发展的本质起源是什么。这涉及空间能力如何形成以及如何发展的问题。

（二）空间能力的变异

有关空间能力在不同个体之间的差异性或者说变异性的研究对于充分理解空间能力发展来说是至关重要的，个体差异是广泛存在的，但是目前在大多数空间能力发展的研究中一直没能很好地把这个方面整合进来。我们已经知道的是将空间能力发展和个体差异这两个领域联合起来的研究非常困难，主要有两方面的原因，一方面是与研究者的研究兴趣有关，另一方面也受制于心理测量学的研究框架。第一，研究兴趣。传统的空间能力研究群体的兴趣主要关注于标准化发展。基于心理测量学的研究框架，传统研究受制于问卷测量的研究框架，不仅难以评定个体在真实生活情境中与空间巡航运动相关的复杂空间能力，而且无法测量个体在同一个空间测验的不同项目中所采用的真实空间策略的差异。具体而言，空间能力的纸笔测试并不适合评定涉及一些真实生活情境中的复杂的空间能力，比如个体在大型环境中进行巡航运动的空间能力就难以在一个纸笔测试中准确地测量。不仅如此，空间能力的标准化测试也无法确定个体在不同时期解决同一个空间任务是否采用不同的策略，也就是真实的策略差异。比如当我们到达一个陌生城市进行空间定向时，我们可能会基于特别的、凸出的、明显的地标策略来确定目的地，也可能会基于一个环境中的地图策略确定目的地，也可能会通过问人的方式或者建筑物投影的方式来确定方向。这些策略的偏好和选择受制于具体的任务情境和主体要求，是无法在一个标准化的测验中体现出来的。这最终导致有关空间认知能力发展的个体差异的测试在早期研究中往往被忽视。第二，研究框架。近来研究者将虚拟现实用于空间巡航测量并对策略直接进行研究，成为考察个体差异的一种发展方向。这个主题我们称其为个体空间能力的变异问题，研究者关注的核心问题是个体空间认知的个体差异，即空间能力如何变异。

（三）空间能力的表征

很多研究者对空间能力的表征存在争议，是模块性的结构还是适应性联合方法？这两种观点之间的争议集中体现在有关结合几何模块和特征模块的关系问题，是掩蔽说、增益说还是独立说？考虑到这一领域，研究者的最终目的是关注空间能力的经验性，即寻找一种方式更有利于理解人类的空间能力是如何表征的，因此对空间能力的表征研究中，对空间任务相关的一些基本的认知概念和认知现象加以解释是必要也是重要的。这些基本的概念和现象包括：几何模块和特征模块的学说、自我参照系和客体参照系、路径整合和视觉加工、场景的知觉和记忆以及动物和人类的脑成像和电生理所发现的一些基本现象。当前来自脑科学的大量实证结果为我们提供了重要的参考，研究者关注的核心问题是个体空间能力的发展结果，即空间能力的经验本质是什么。这些问题的回答有助于我们理解人类在空间活动所获得的经验本质，清晰刻画空间经验的属性。这个主题我们称其为个体空间的表征问题。

（四）空间能力的可塑性

空间能力的可塑性研究注重强调训练和干预对人类利用空间信息的神经结构所具有的独特作用，并且强调认知训练、教育干预和神经干预对人脑的空间能力最优化发展可能起着尤为关键的作用。研究者关注个体空间能力提升的神经改变，即空间认知的神经生理变化有什么。临床研究发现客体参照系相关的地图表征损伤常常是阿尔兹海默症早期临床诊断参考，如果研究能够发现改变个体空间能力的方法和技术手段，对改善空间认知相关的缺陷将有重要意义。

当研究者致力于研究新的技术方法和干预手段以提高空间能力的同时，如何科学有效地测量评定个体空间能力的改变也是一个难题。由于自然、科技、工程、艺术和数学学科中涉及与空间位置、大小、距离、方位等相关的内容，所以个体的空间认知常常与STEAM课程密切相关。纵向追踪测试提示个体的空间认知与STEAM方面的成功有关，但是这个观点并没有经过验证，主要是因为缺少可以对大样本学生施测的、信效度良好的空间巡航能力测验和测试工具。未来计算机技术也许能够支持这样的测量。从这个意义上来说，人类空间能力的研究工具将对未来的空间能力开发和STEAM教育有深远的影响。通过认知、教育和神经等各种技术和方法提升个体的空间能力，这个主题我们称其为空间能力的可塑性问题。

三、空间能力的研究框架

前文对人类空间能力特性的研究成果进行了介绍和论述，这其中涉及空间能力研究领域的四个关键议题。通过回顾和总结这些议题，构建了空间能力的研究框架。

有关空间能力的发生的相关议题，研究者对空间能力的发生和发展进行相关研究，需要回答有关空间能力的两个问题：一是空间能力如何形成？二是空间能力如何发展？接下来将分别在本书的第三章空间能力的发生和第四章空间能力的发展进行详细介绍。这些研究帮助我们更好地认识人类群体的空间能力是如何获得的，有助于我们更好地为通过教育和教学提高学生的空间能力提供认识基础。

有关空间能力变异的相关议题，研究者对空间能力的发展和变化进行相关研究，分别需要回答有关空间能力的一个问题：空间能力如何变异？在本书的第五章空间能力的变异进行详细介绍。这些研究帮助我们更好地认识人类个体的空间能力是如何变化的，有助于我们更好地为通过教育和教学提高学生的空间能力提供现实基础。

有关空间能力的本质的相关议题，研究者对空间能力的本质进行研究，从认知科学和神经科学两个研究路径来进行，分别需要回答有关空间能力的两个问题：一是认知表征和加工的观点如何解释空间能力？二是神经生理结构和活动的观点如何解释空间能力？分别在本书的第六章空间能力的认知机制和第七章空间能力的神经机制进行详细介绍。这些研究帮助我们更好地认识人类的空间能力是如何使用的，有助于我们更好地为通过教育和教学提高学生的空间能力提供科学基础。

  有关空间能力的可塑性的相关议题，研究者从神经改变和研究工具两个层面探索人类空间能力的培养，分别需要回答有关空间能力的三个问题：一是空间能力培养的研究价值是什么？二是空间能力是否能够培养？三是空间能力如何培养？在本书的第八章空间能力的培养进行详细介绍。这些研究帮助我们更好地认识人类的空间能力是如何提升的，有助于我们更好地为通过教育和教学提高学生的空间能力提供实践基础。

第三章　空间能力的发生学研究

空间能力是如何发生？又是如何发展的？这是对空间能力进行任何研究都无法回避一个核心问题。有关这一问题，在心理学、生物学和哲学历史中曾出现过的重要思考是：我们对客观环境的适应在多大程度上要依赖于先天所具有的表征，抑或是我们对客观环境的适应在多大程度上代表了通过与世界的相互作用而自然发生的知识。这需要我们从空间能力的物种发生和个体发生来进入相关的研究，前者从生物进化的角度关注空间能力在动物到人类的演化过程中的变化，而后者从毕生发展的视角关注空间能力在人类个体出生后的表现。这两个维度的研究提供了一个比较的框架，当我们想要关注人类个体空间能力的形成发展和变化时，需要在一个生物演化的框架和发展框架中理解人类的空间能力是如何形成的，即空间能力形成和发展的本质是什么。

第一节　不同物种空间能力的发生

人类空间能力发展的起点是什么？当我们思考这一问题时，首先想到的是"人类的空间行为以及其他各种行为是如何发生的？"众所周知，人类是由动物进化而来，所以人类行为与动物行为之间存在某种程度的关联。因此想回答"人类空间能力发展的起点是什么"这个问题，可能首先需要回答：包括人类在内的动物行为是如何发生的？然后通过人类和动物行为的共同方面来追踪人类行为如何产生，通过人类和动物行为的差异方面进一步理解人类行为和心理的本质发展。

一、动物学习行为的基本观点

(一) 早期观点

追溯起来，早从古希腊哲学和中国古代思想史起，我们就可以发现关于人与动物关系的论述、人类对动物行为的兴趣从远古的旧石器时代就已经开始了。古希腊哲学家赫拉克里特提出两种形式的创造物，即人和神是有灵魂的理性创造物，牲畜是没有灵魂和理性的创造物。因此，人因为有灵魂和理性而和只有本能的牲畜区别开来。而中国儒家孟子也曾对人和动物进行过论述。"人之所以异于禽兽者几希，庶民去之，君子存之。舜明于庶物，察于人伦，由仁义行，非行仁义也。"（《孟子·离娄下》）人与动物的差异是"几希"，尽管这种差异不是很大，仅有几希，但孟子认为非常重要，将其简称为"良心"或"本心"。人与禽兽相异，尽在于此。除了哲学和思想领域，在自然史中也可以看到早期科学家对动物的研究。亚里士多德在《动物史》中，把动物的种按照智力来排列成为直线顺序表，形成了一个自然等级表，在这个表中人类位于顶端。

(二) 进化论观点

1859年，达尔文正式出版了《物种起源》，提出了进化论的三个重要原则：生存竞争、适者生存和自然选择。在自然界，不同物种之间和物种自身内都存在着"生存竞争"，同时都依据"自然选择"和"适者生存"原则生存着，明确驳斥了"各个物种分别创造"的教条式观点。为进一步探讨人类与动物的关系，达尔文1871年出版了《人类的祖先》。书中达尔文基于大量的证据提出，人也是从较低等级的生命形式通过自然选择的过程缓慢进化来的。动物的生理和心理过程与人类的生理和心理过程之间具有类似性和连续性。

达尔文的进化论思想的创立，使人们认识到人和动物之间的连续性。研究者继承和发扬了有关动物和人身体特征与心理能力发展的连续性思考，积极搜集证据并作出了理论解释。冯特在1863年出版的《人类与比较心理学讲义》书中对动物心理研究进行了初步探讨，专门论述了人类和动物的本能、联想、情感和其他高级心理活动，从而支持了动物与人在心理方面具有同样天赋的观点。英国罗曼尼斯也积极拥护进化论，在1882年出版了《动物的智慧》。通过轶事法收集并记录了鱼类、鸟类、家养动物和猿猴行为的轶事记录，提出在思维、推理和解决问题方面，人和动物有许多相似性。这个时期的研究中，动物的意识问题得到了研究者的关注。

基于进化心理学的观点，我们复杂的空间能力是沿着生物进化的结果。进化心理学认为，人是由生理和心理两部分构成的有机整体，两者都受进化规律的制约。心理是人类在解决生存和繁殖问题的过程中长期演化形成的，科学的进化论应该成为心理学研究的一个重要理论依据。

用进化的观点研究心理学最早可追溯至达尔文，他在《物种起源》中曾提出，心理学将稳固地建立在斯宾塞先生已充分奠定的基础上，即每一阶段的智力和智能必由阶梯途径获得，人类的起源和历史也将由此得到启示。这种理论观点的内在逻辑是"人类心理进化是自然选择的过程"。这一内在逻辑或者前提假设伴随了人类心理进化的三个研究阶段：习性学、社会生物学和进化心理学。

1. 习性学

习性学是研究动物在其自然环境中的习惯或行为的科学，也称动物行为学。在詹姆斯1890年的《心理学原理》就记录了许多关于动物行为的研究，包括印记和敏感期这样的现象。它的发展以洛伦兹、廷伯根和费尔希获得诺贝尔奖而达到一个新的阶段。习性学强调决定行为的进化因素是基因和自然选择的作用。习性学家从事研究的主导思想是：每个动物的行为都具有一定的适应意义，是自然选择的结果。行为可以分析成许多固定的运动序列，它们可以被内外环境的适当刺激激发，因此可以在适当场合下出现。他们注重研究能够直接与自然选择联系起来的天生的或本能的行为模式，习性学家将经常描述的动物的动作称为固定动作模式。

2. 社会生物学

在某种意义上可以说，社会生物学就是习性学的一种扩展和延伸，这是因为二者都坚持两个原则：一是自然选择，二是对社会行为进行遗传学解释和说明。社会生物学家认为，生物的进化过程就是基因的选择和繁殖的过程。

3. 进化心理学

进化心理学与社会生物学最大的不同可能与前者提出的心理机制的进化有关，从而将人类行为的适应性本质的研究深入到认知水平。当代进化心理学的一些关键词是"溯源、功能、策略、模块、环境"，基本主张是：①溯源过去是理解心理机制的关键。进化心理学认为，当前的条件和选择压力是与有机体当前的设计无关的，不能说明它为什么能很好地适应以及怎样很好地适应。要充分理解人的心理现象就必须了解这些心理现象的起源和适应功能，这也是当代心理学精神分析对个体心理进行溯源分析的理论缘起。②功能分析是理解心理机制的主要途径。进化心理学认为人的心理也是适应的产物，某种心理之所以存在是因为它能解决某种适应问题。心理学的中心任务就是去发现、描述或解释人的心理机制，而确定、描述和理解心理机制的主要途径是功能分析，即弄清楚某些特征或机制是用来解决哪些适应问题的。③心理机制是在解决问题过程中的演化物。进化心理学认为，人的心理机制是演化形成的解决问题的策略。④模块性是心理机制的特性。进化心理学认为心理是由大量特殊的但功能上整合设计的处理有机体面临的某种适应问题的机制形成的，不同的适应问题会采用不同的解决方法。⑤人的行为是心理机制和环境互动作用的结果。进化心理学认为所有社会行为都是心理机制与环境互动作用的产物。社会行为的产生首先需要心理机制的存在才能接受环境的输入，经过一系列的决策或计算对输入进行加工，而后产生明显的行为。

从进化心理学的基本主张中，我们可以看出进化心理学具有以下几个特点：突出了心理机制重在适应，认为人的心理是适应的产物；突出了心理的连续性和发展性，认为心理是演化形成的解决问题的策略；突出了心理机制的研究，认为心理机制由大量的模块所组成；突出了心理的性别差异，认为男女两性的差异是由适应不同的环境所形成的。

（三）行为主义观点

20世纪早期，受到美国主流理论学说的影响，由于社会需求和机能主义信息的推动，在实用主义哲学的引导下，研究者不再关心动物和人的意识问题，而是转向动物行为的研究。桑代克早期研究曾通过运用书籍摆列成临时的迷宫，训练小鸡从中穿越；并在随后的研究中，进行了大量有关鱼、猫和狗的联想学习的实验研究，最终1911年出版了《动物的智慧》。他对动物的行为进行研究，研究心理生活经由低等动物的发展，特别是追溯到人类官能的起源。行为主义在其发展过程也表现出不同的形态和特点，分为行为主义和认知的行为主义两个阶段。

1. 行为主义

行为主义心理学产生于20世纪上半叶，由美国心理学家华生所创立，代表人物有华生、桑代克、巴甫洛夫、格思里、斯金纳等。行为主义的观点是：第一，研究对象是行为。从桑代克起，关注动物的学习行为开始在学界流行，研究方法也开始由自然观察和人们从传说中收集证据而转向采用严格的实验室工作。只有能够直接观察到的现象才能成为科学研究的对象，只有客观的、实证的方法才是科学的、可靠的方法。因而主张用客观的、实证的方法去研究人的行为，极力反对去研究人的心理和意识的内省研究。第二，经典的刺激—反应实验范式。桑代克根据其动物实验研究建立了S—R（刺激—反应）理论研究范式，并在随后的半个世纪中立于不败之地，桑代克的S—R范式也称为行为主义的研究框架。华生则树起了行为主义的大旗，在其1919年《行为主义立场的心理学》中，建议动物心理的研究原理和方法同样适用于人类的研究。第三，研究过程机械性和刻板性。这种行为主义的研究对人类心理的研究确实有促进作用，但由于研究越来越集中在几种容易在实验室繁衍的动物上，而且常常只注重分析行为和控制行为的调节，而忽视了其中的主体，机械、刻板的研究框架限制了对心理能力和行为的系统发生和发展的研究，同时也使人类心理和行为的复杂性在研究中被严重忽视了。

2. 认知的行为主义

早期的行为主义由于其过度强调刺激和反应的关系受到质疑，忽视了人类行为是受到内在认知过程调节的，因此后期行为主义者开始关注内在认知过程。这一时期行为主义的研究特点：突出认知对行为发生的重要性，关注到认知和行为发展，用建构视角研究行为。

由行为主义向认知心理学过渡的重要人物是托尔曼。托尔曼的理论特点是：第一，研究对象兼容行为和认知。他的理论是"兼收并蓄"，无论是行为主义的理论，还是认知格式塔的观点，他都采取"拿来主义"，即为我所用。这使他的理论既具有行为主义的特征，又具有格式塔心理学的整体观。托尔曼深受格式塔心理学的影响，这使他从另一个角度看到了行为主义理论观点的不足之处，使其理论具有认知特征，因此他的理论不仅引起了行为主义的变革，并最终成为认知心理学的鼻祖。第二，研究范式为S—O—R，存在认知因素这一中间变量。和先前的行为主义者不同，他提出在刺激和反应之间存在着认知过程，这种认知因素称为中间变量，并认为它是行为的决定者。行为主义由原先的S—R范式向认知式的S—O—R范式转化始于托尔曼。托尔曼以他的认知学习实验闻名于世，这些实验包括符号学习实验、期待奖赏实验及位置学习实验等。第三，符号理论引发认知心理学研究。在实验的基础上，托尔曼还提出了自己的符号学习理论及认知地图、中介变量、潜伏学习和认知地图等重要概念，符号学习理论已经具有明显的认知特征，他的认知观得以确立。

值得一提的是，无论是早期行为主义，还是新行为主义，其描述的认识过程和学习活动都是操作性的线性关系，表现出单一性、固定性和机械性的特征。而人类个体的认知和学习是与环境和群体交互的过程产生的，行为主义对人类的认知和学习过程的认识存在简单化的倾向，因此有了社会建构主义。

（四）认知观点

这种对行为主义带来的局限，在托尔曼建立的目的行为主义中得到了一定的改变。托尔曼认为，行为包含着目的，即行为是指向某个目标达到目的的手段和途径，行为的实际决定因素是中介变量，"如果没有刺激，动物的行为就不会有相应的反应"，迂回行为需要空间关系的认知地图，他因此成为认知心理学的先驱。由此一场新的心理学革命正在形成。在1967年，奈瑟尔出版了《认知心理学》，标志着认知心理学的诞生。认知心理学开始心理现象中的认知过程，考虑到无论是人还是动物，作为实验对象自身的认知过程对机体的反应有重要影响。以信息加工过程模拟和解释有机体心理活动的认知心理学迅速的兴盛，引起研究者对动物行为的内部心理机制及其认知过程越来越多的关注。这种认知心理学的发展使得动物行为和心理的研究出现了一些新的发展趋势。

第一，研究内容的变革。认知心理学的研究内容包括了一系列的内部认知过程及其认知机制。在认知心理学的研究框架下，作为动物和人类的研究对象被看作信息的智慧加工者，而不是一个被动的信息接收器。动物在实验中所做出的行为反应也不再简单被定义为刺激反应的过程。研究者关注有机体如何获得和使用有关世界的信息，信息输入、编码和输出成为研究中的重点。研究者关心有机体的内部认知过程包括：接收内外信息，依照某类编码在大脑中的表征同有机体已有经验的结合，通过学习、记忆、问题解决、知觉、再认等认知技能的表达与其周围环境相互作用，作出适当的反应。研究者不仅对多个物种的认知过程和能力感兴趣，同时还特别关心物种间的行为和能力的比较，特别是人类与动物的行为和能力的关系，相信通过分析人类和非人认知过程中的异同，使我们对二者都有所认识。

第二，研究方法的整合。认知心理学的研究途径继承了早期动物和人类研究方法的优点，即强调并注意认真地观察和严格地实验来探索有机体认知过程。并且也在实验设计、结果分析和解释上，都不同程度上吸收了其他邻近学科（如习性学、神经科学、认知科学）的研究成果，重视动物的生活习性及自然生存条件，也就是从不同的环境特征和测量结果行为的实验中推论和比较不通过理论假设，最终在内外因素分析的基础上整体的理解行为及其认知过程。典型任务包括放射臂迷宫、延迟样本匹配、序列学习、概念学习等。

第三，研究兴趣的回归。这些年来，该领域新的发展趋势是重新对动物意识的研究发生了兴趣。在行为主义兴盛时期，意识曾被排除在心理学研究范围之外。目前，许多研究者开始从不同的角度对动物的意识和自我意识提出自己的操作定义，并且收集证据来说明。有研究者提出，意识也是一种演化而来的能力，它对于动物组织适当的适应行为是极为重要的因素。如果动物在行动之前有明确的目标并能在一系列可能实现的行为中选择一种比较灵活的行为达到目的，就可以说这种动物具有一定的意识。像狮子猎食时会在适当的地点打埋伏或迂回地袭击，这说明它对周围的环境和即将发生的变化是有觉察的，在动物的日常行为活动中，它们可能对客观世界有一种想象或表象的能力。

第四，研究问题的深度。这一时期的变化还表现在研究者开始关注到行为的发生和建构，与皮亚杰的发生认识论有重要关联。其对认知研究的主要影响：其一，认知发展理论促进了对个体发生的研究。皮杰亚被誉为发生认识论的创始人，他的发生认识论在20世纪三四十年代已基本确立，50年代已广泛地传入美国，研究内容不仅局限行为本身，而是开始关注不同行为是如何随着年龄发生发展和变化的。其二，后天的认知建构对行为经验的新认识。认知建构理论关注心理的发生发展，认知结构及其机能等问题。这种发展观点强调的是经验对个体的重要作用。研究者发展现象来解释蚂蚁、鱼、斑鸠、老鼠和猫的行为，强调了经验和有机体水平的作用。哈洛对恒河猴的研究，证明了早期的剥夺社会经验对后来社会化的影响。

(五) 社会建构观点

如果说进化心理学、行为主义、认知心理分别从生物、行为、认知的视角去解释心理,那么社会建构主义则是从历史文化的视野去解释心理。无论是动物还是人类,当考虑到群体时,群体行为会对个体行为产生重要的影响。这种对物种间行为和物种内部行为的研究出现在描述心理学、比较心理学和社会建构心理中,尽管每个学科的研究侧重各有不同。

1. 描述心理学

描述心理学是狄尔泰提出的心理学,狄尔泰严格区分人文科学和自然科学,他毕生在追求一种基础科学,这种基础科学能够为精神科学奠定基础,建立一个行之有效的科学认识论。描述心理学的主要观点是:第一,人是社会文化和历史的存在,因此作为心理学研究必领考虑历史生命,个人精神与共同体精神并重。它不仅研究个人的精神,而且研究共同体精神,即研究社会和文化精神,两者并重,绝不偏颇。第二,心理学与人自身的生命实践交织在一起。由于社会和历史的载体是人,因此社会和历史的真实性研究就需要与人自身的生命实践的研究相结合。这种生命实践的过程是整体的,所以需要把握生命关联整体为目的,因此心理学不应该像传统心理学那样以感知觉为研究的出发点。而应该从不断发展的精神及其全部功能为范围,包括记忆、想象、语言和意愿为出发点来研究,研究需要从整体到部分,再回到整体。第三,心理学研究应有其独特的研究方法。由于心理学研究目的是生命关联,研究内容是个人精神和共同体精神,而两者都是人文科学。如果直接将自然科学的方法运用到心理学中是非常幼稚的。人文科学和自然科学是不相同的,心理学必须建立与其自身相适应的独特的方法,不能照搬自然科学的方法。由于生命或者精神是活生生的、具体的、有过程、有历史,但却不重复的,因此,心理学应主张对生命或者精神的理解,必须以情感的直觉和想象为主。心理学是描述和分析相互关联的整体,以生命本身作为基础,可以避免将我们对精神生命的全部理解建立在假设上,也只有以生命本身为基础,心理学才有资格取代形而上学,成为为一切人文科学奠定基础的"基础科学"。

2. 比较心理学

描述心理学探讨的是心灵生命的规律性,即心理过程中的"相同性",而比较心理学则是在相同性基础上研究个体的差异。

第一,比较分析法。比较心理学将不同进化水平动物的各种行为特点作为研究对象。在研究中侧重于不同种动物行为的比较分析,而且这种比较在原则上并不把人排除在外,其目的在于更好地了解人类本身及其在自然界的地位。比较心理学研究个体性所具有的不同范式和类型、它们的差别和"家族类似性"。因此研究不仅需要描述一定序列的个体在这些类型的基本形式中是如何有规律地结合在一起的,同时要探索和研究哪些对一般心灵生命中的特殊东西发挥效用以及发挥这些效用的全过程。

第二,比较策略。比较策略包括跨物种比较和物种内比较。跨物种比较也称物种间比较,指一个物种的心理特质与另一个物种的心理特质进行比较。这种比较包括两个方面:一方面是考察两个物种心理特质的相同性,另一方面是考察两个物种心理特质的相异性。人类自身的心理特质可以和动物心理特质进行比较。比较思路一般遵循自上而下和自下而上两个思路。"自上而下"意指用动物研究来验证人类已有的个性特质。例如研究者发生人类阿尔兹海默症的发展早期存在空间记忆的特异性损伤,研究者想要检验某种空间认知训练能否改善阿尔兹海默症的病情,这时由于伦理无法直接对人类阿尔兹海默症的相关病毒蛋白进行干预实验。因此,为了考察空间记忆的作用,研究者用动物代替人类被试,因为动物研究可以直接测量其脑内的阿尔兹海默症相关病毒蛋白的水平。"自下而上"正好相反,指用动物模型对人的个体差异形成假设,然后推衍到人类。例如研究者首先发现了大鼠在完成迷宫任务时依赖位置细胞和网格细胞等空间细胞的特异性放电,然后把大鼠的空间认知反应研究结论推衍到人类,以考察人类空间行为的神经活动。"自下而上"允许研究者先剥夺人类社会生活复杂性的影响,然后用非人类被试来验证其假设。"自上而下"和"自下而上"相辅相成,研究实践中,研究者常常在两者之间来来回回的进行探索。比如我们可以同时遵循两种思路,先用人类被试进行研究提出了某个心理活动的机制,接着利用动物实验这一心理活动的心理功能和生物基础,提出了相关的神经心理模型,最后把这个模型推回到人类中去验证。物种内比较,指对同一个物种两个个体成员的心理特质的比较。这种研究有助于揭示物种内的个体差异产生的原因。

第三,研究任务。首要任务是描述和分析动物行为,并对其进行分类,从而确定和阐明它们之间的关系。另一项任务是在物种间和物种内阐明行为的根源并追踪其发展。现代比较心理学的研究课题据此进行的是行为模式研究、个体发生研究、行为机制研究、动物学习研究和行为进化历史研究五个方面。比较心理学的研究成果有利于克服人文科学及一些具体学科中出现的个体化问题。它可以通过表现个体性，准确把握人类、社会和历史真实性中的个体的形成过程，由此注意个体行为中所蕴含的相同性和普遍性，为人文科学的发展做奠基。

第四，研究方法。研究方法包括实验室法、行为记录法和特质评定法。实验法如前所述采用严格的变量控制，排除无关变量，对心理和行为的机制进行因果研究。行为记录法是指把动物放在一定的行为测试情境中，记录其行为反应以研究其心理特质的方法。行为记录法是多数动物个性研究者常用的方法。特质评定法是把观察者作为获取资料的工具，即先让熟悉动物的观察者对动物的心理特质进行评定，然后根据这些评定进行研究的方法。这种方法曾一度被指责为主观的、不合适的、与科学测量的客观要求相违背的。如果在研究中，研究者能够把几个独立观察者的评定聚集起来，并且对他们的一致性进行评估，也能在一定程度上保证研究的客观性，满足任何测验的标准。通过多个观察者材料的聚集是可靠的，它排除了观察者的主观癖好和偏见。事实上，人类的很多心理研究中，观察者的评定也是不可缺少的。追踪动物跨时间的个性变化能使研究者评估的准确性提高，这种收集资料的方法是很有效的，因为这里有观察者跨时间、跨情境对动物的实验，而不是像行为记录法那样只进行数小时的系统的记录。当然这种方法的有效性依赖于评定者的客观性和可靠性。

3. 社会建构主义

社会建构主义认为学习是在一定的社会文化背景下对知识的建构。俄国杰出的心理学家维果茨基"文化历史发展理论"，对于理解建构主义也是十分重要的。维果茨基提出，儿童是在摆脱日常概念和成人概念的"张力"中学习科学概念的。如果仅仅将源于成人世界的预成概念呈现给儿童，那么他就只能记忆成人所说的一切。他强调，个体的学习是在一定的历史、社会文化背景下进行的，社会可以对个体发展起到重要的支持和促进作用。社会建构主义的主要观点包括：第一，认为学习就是知识的建构。在学习的过程中，个体在头脑储存信息、组织信息，并在此基础上修改原有的概念。学习不仅是一个接受新信息、新观点和新技能的过程，还是一个头脑对这些新材料进行重组的过程。第二，个体自出生以来头脑就进行着心理操作。儿童自出生乃至成年，在一个特定的文化之中，不断学习周围的家庭文化和社区文化，在形成一个庞大信息体系的同时，也习得了人与人交往的方式，并将自己的语言和文化传递给下一代。在这个过程中，我们原有的思想结构将不断吸收新的信息并与已有的观念进行重新组合。比如，由于地理地形的不同，个体的空间定位习惯也会不同。在中国北方的城市交通道路几乎与东南西北方向重合，人们的定位习惯就偏向东南西北，采用客体参照系。而在中国南方的城市交通道路由于地形特点无法与东南西北方向重合，人们的定向习惯偏好左右，采用自我参照系。

二、动物学习行为的具体研究

近半个世纪以来，通过对物种间和物种内的比较分析，研究者对动物空间学习行为进行了大量的研究，其中鼠类的迷津实验和鸟类的觅食行为与空间记忆最为经典，下面将分别介绍两个领域的相关研究。

（一）鸟类的空间学习行为

半个世纪以来，鸟类脑体积大小与空间学习和储食之间的关系一直是研究者感兴趣的问题，为何研究者选择鸟类作为研究对象？

第一，提供认知发展的进化线索。早期对于动物认知能力的研究主要集中在大鼠、家鸽等实验室模型动物或是黑猩猩、恒河猴等灵长类动物中。这是因为早期的假设认为，认知水平的高低与进化水平的高低是重合的。然而，认知进化并不遵循与系统发育一致的简单线性尺度。无论系统发育关系如何，物种在其所处的环境中所面临的社会生态挑战可能有共同之处。因此比较亲缘关系较远的物种，如鸟类和哺乳动物及其特定环境之间的认知过程，也可能提供空间认知是如何进化的线索。已有研究表明，鸦科鸟类以其"非凡的记忆力、巨大的好奇心、高度的社会性及多样化的生态可塑性"而闻名，因此它们成为了探索动物智力的关键指标之一。对鸦科鸟类认知能力的研究主要是在过去的三四十年里进行的，在多项认知测试中，鸦科鸟类的表现与类人猿相当，甚至超过类人猿，为此，它们新得了"长羽毛的类人猿"称号。

第二，脑部结构的同源性。研究利用分子和免疫组织学技术发现了鸟类和哺乳类脑部结构上的同源性。特别是，哺乳动物大脑区域内特定神经元群的神经递质、神经肽和受体已经定位于同源的鸟类大脑区域。已有的研究表明，鸟类和哺乳动物在复杂的认知进化面临着类似的选择压力，这导致了前脑关联区域的共同神经结构以及认知操作的进化。此外，鸦科鸟类所属的雀形目动物的大脑皮层神经元的平均堆积长度是灵长类动物的两倍，是其他哺乳动物的四倍。秃鼻乌鸦的神经元数量是普通猕猴的两倍多，这意味着尽管鸟类的绝对脑容量较小，但是它们的相对脑容量很大。

第三，认知能力表现突出。高度的进化趋同在鸦科动物和鹦鹉的认知能力上表现得尤为明显，这些大脑袋的鸟类的前脑相对大小与猿类相同，在情景记忆、工具使用和心智理论等许多领域，它们的行为表现与猿类相当。鸦科鸟类在多种认知测试中都有令人惊讶的优异表现。在玩耍或觅食时，它们会对所见物体产生极大的好奇心，并利用其灵活的喙和爪进行探索。在过去的十几年间，许多关注鸟类认知能力的研究，发现它们在某些研究范式中的表现甚至可以与类人猿媲美。同时，无论是在实验室中还是在野外，多种鸦科鸟类都是优秀的工具使用者。工作记忆、空间记忆和情景记忆等不同形式的记忆都在不同的鸦科鸟类中进行了研究。由于大部分鸦科鸟类具有储藏食物的特性，因此在鸦科鸟类空间记忆方面的研究相当丰富（尚玉昌，2012）。比如研究者发现，北美星鸦在七天的时间间隔后，仍然能够准确找到零散分布于90个点位中的储藏点。储食能力与空间记忆之间的关系在北美星鸦、蓝头鸦、墨西哥丛鸦和西丛鸦等鸦科鸟类中得到了广泛的研究，并揭示了工作记忆或空间记忆与储食能力的正相关关系。

鸟类的空间学习行为与储食能力间的关系主要表现在两个方面：①利用环境线索进行空间定位。研究表明，喜鹊等有储存食物习性的鸟类可以利用对食物的偏好、食物腐烂程度等信息找到自己在某地储存的食物。目前，对于情景记忆的研究已经涉及类人猿、大鼠和鸟类等物种。鸟类会善于运用环境线索来确定物体位置，这可能与他们的储食需要有关。鸦通过声音线索推断出周围有同种鸟时，它们会改变自己的储食策略。除了声音线索，它们也会利用触觉和视觉等其他线索来进行空间定位以获取食物。在第一次实验中就能够利用实验人员的触摸线索，并且在少量的实验后通过眼睛和头交替来定位，学会了使用指向和注视。而寒鸦和秃鼻乌鸦都可以利用实验人员的视线线索定位食物。同时，储食策略可能也对鸟类的空间定位提出了认知发展要求。鸟类会基于环境变化而改变储食位置，这种策略性学习提高了他们的空间定位能力。研究发现当一些鸟类注意到周围有潜在"盗贼"存在时，西丛鸦、渡鸦、北美星鸦和松鸦会把食物藏在障碍物后面或者距离更远、光线较暗的地方，甚至会有选择性地检查或移动自己先前储藏的食物。这说明它们会基于环境中其他生物的出现，而调整自己的储食位置，这需要鸟类必备一定的空间记忆才有可能实现。②鸟类觅食行为与空间记忆力的问题。研究者对7种鸦科鸟类海马体大小与储藏食物能力之间的关系进行了研究。之所以选择研究海马体是因为已知鸟类大脑的这个区域与食物的回收（复得）有密切关系。同时，鸦科鸟类也是研究这一问题的最好对象，因为在鸦科鸟类的各个物种之间储食行为的表现各不相同，有些鸦科鸟类根本就不储藏食物，而另一些鸦科鸟类则在长达9个月期间完全依赖储藏的食物为生，这样便于运用比较研究法在物种内进行分析。研究者以不同的储食行为的三组鸦科鸟类作为研究变量，一组研究对象是几乎不储藏食物的寒鸦和红嘴山鸦；另一组研究对象是储藏食物的秃鼻乌鸦、欧洲乌鸟、喜鹊和红嘴蓝鹊；最后一组是不仅储藏食物且在长达9个月期间必须记住6000~11000粒种子埋藏地点的欧洲松鸦。结果发现，在这些鸦科鸟类中，储食行为与脑海马大小之间表现出明显的正相关关系，也就是说，海马体体积越大，储藏食物的行为就越发达，这表明：海马体大小是鸦科鸟类空间记忆力和储食行为进化的关键因素。

此外，对同一种鸟类的不同个体之间海马体大小与储食能力之间的关系研究表明，生活在食物短缺环境中的个体比生活在食物丰富环境中的个体具有更发达的储食能力，大脑海马的体积也比较大。这就是说，当鸟类生活在严酷环境中的时候，自然选择有利于增强它储存食物和此后重新找回这些食物的能力，也有利于海马体体积的增大和海马神经元数量的增加。

（二）鼠类的空间学习行为

近来研究者从神经生物学的角度研究了普通田鼠的空间学习能力和定向能力，这些发现主要表现在两个方面：不同性别田鼠的空间学习能力差异的神经生物学机理，神经系统的树突棘如何随着空间学习经历的改变而改变。

1. 田鼠空间学习能力的性别差异

研究者对田鼠在空间学习的差异研究首先是对这种性别差异理论的一种

假设。研究先是关注了多配偶制的雌雄鼠的空间学习能力差异。研究假设是，对于多配偶制的普通田鼠而言，这种雄鼠需要在一个生殖季节内可以和一个以上的雌鼠交配。雄鼠的巢域比雌鼠的巢域大，雄鼠可以占有非常大的巢域，有时比雌鼠的巢域大 10 倍并能覆盖好几只雌田鼠的巢域。雄鼠为了保持与雌鼠联系，雄鼠就必须具有比雌鼠更好的空间定向和导航能力。结果发现，雄鼠确实比雌鼠表现出了更强的空间学习能力。研究者还关注另一类单配偶制动物——草原田鼠的学习能力的性别差异。由于属于单配偶制动物，所以雄雌鼠的巢域大小差不多相等。在这种情况下，雄鼠不需要很强的定向导航能力去穿越很多雌鼠的巢域，所以研究者预测这种单配偶制的草原田鼠，不存在多配偶制雌雄鼠的那种空间学习能力差异。研究者采用迷宫测试草原田鼠的空间学习能力时，发现雄鼠和雌鼠之间没有差异。

研究者进一步研究雄雌鼠在空间学习能力差异的神经生物学机理，对大脑皮层的海马区给予特别关注，因为已知大脑的这个区域对动物的空间定向起着关键作用。研究者预测，在多配偶制田鼠中，雄性个体的海马体体积比雌性个体的海马体体积大；而在单配偶制田鼠中，两性个体的脑海马体大小没有显著差异。研究结果表明，就海马相对于整个脑量的大小来说，多配偶制的普通田鼠存在着两性差异，而单配偶制的松林田鼠没有性别差异。

2. 树突棘数量和密度与空间学习能力的关系

研究者对神经系统与动物空间学习经历改变的关系进行研究，发现树突棘的数量和密度随着空间学习而发生了变化。为何是树突棘发生了变化？动物都具有被称为神经元的神经细胞，不管这些神经细胞传递的是什么信息，它们都有着一些共同的特点：即每一个神经元都有一个细胞体、一个细胞核、一个或多个神经纤维。能够把信息从一个神经细胞传递到另一个神经细胞的纤维就叫轴突。轴突长度变化很大，小至不足 1mm，大至 1m 以上。轴突的直径也有所不同，这很重要。因为神经脉冲的速度直接影响着动物行为的反应速度。一般说来，轴突的直径越大，神经脉冲沿着它传递的速度也就越快。每一个神经元都只有一个轴突，轴突的基部叫轴丘，而轴突的端部有很多分枝，当信息沿着神经元系统传递时，正是通过这些分枝离开一个神经元并进入到下一个神经元的。神经元接受来自其他细胞的脉冲是通过被称为树突的神经纤维。一个神经元可以有成百上千的树突，形成所谓的树突树。此外，有些类型的神经元在树突树的每个分枝上还生有很多树突棘，它可以接受来自其他细胞的信息输入。目前已知,无论是树突树、树突棘还是每个神经元,都能够接受来自很多其他神经元的信息。采用水迷宫实验,研究者已提供了充分的证据,证明大白鼠的树突棘数量是能够在学习过程中发生改变的,树突棘的数量会随着空间巡航和学习能力的增强而增多。目前研究发现,大脑顶叶皮层和前额皮层对动物的空间学习过程起着重要作用,特别是树突棘的数量与学习行为密切相关。在大白鼠顶叶皮质和前额皮质中,雄鼠树突棘的密度比雌鼠大,这可能是树突棘数量和密度的增加会加强神经元之间的连接,从而使学习能力得到改善。

研究者考查普通田鼠的学习能力与其顶叶、前额皮质内树突棘数量的关系。以雌雄普通田鼠为研究对象,采用经典的水迷宫测验,空间学习能力的测定以普通田鼠在8次实验中找到隐藏在迷宫中的东西的速度进行评估。实验结果表明,雄鼠的空间学习能力总是比雌鼠的空间学习能力更强。实验结束后对雌雄鼠进行脑解剖并测定前额和颅侧皮质内树突棘的数量,结果发现,这两个脑区内树突棘的数量都是雄鼠比雌鼠多。这些研究表明,田鼠的空间学习能力是与树突棘的密度相关的,但并没有示明其因果关系。

三、动物学习行为的研究展望

为了理解人类空间行为如何形成,我们回顾了生物行为起源以及生物行为演化的理论及其研究成果,这些研究促进我们对动物和人类行为的理解。对于生物体空间行为的未来发展,不同的学者仍然有不同的看法并存在一些争议的问题,需要我们去批判和反思。

(一) 心理是进化而成

有关不同心理学流派对人的心理研究的发展历史中,可以看到进化论思想向心理学领域的渗透。在进化论思想影响下,融合了进化心理学观点的不同研究者将心理学视为生物学的一个分支。从种族进化的角度,用遗传学的观点解释心理的构造和意识的机能,主张心理机制是进化的产物,自然选择引起了心理机制的进化过程。具体而言,自然选择的进化是复杂的神经回路和相应的心理机制产生和发展的动力源泉。心理机制的物质基础即神经回路的建立有着生存的目的,任何一种神经回路或者心理机制,如果它有利于有机体的生存和繁衍,那么它就会被自然选中,具备这一机制的有机体就比没有这种神经回路或心理机制的有机体有更大的生存机遇。自然选择用特殊的决策支持了特定的神经回路和心理机制，其结果是造成了现代人复杂的神经系统和众多功能专门化的心理机制。

然而，在这种进化论的观点下，有一个巨大的逻辑问题是：心理进化的逻辑与机体进化的逻辑是否相同？生物学领域内物种及变化的过程所服从的规律称为机体进化的逻辑，达尔文的生物进化论就是对这个逻辑的系统阐释，并在这个范围内拥有完全的理论解释力。同样可以确定的是，心理学领域的事实及其结构也不是固定不变的，而是一个社会和历史发生的真实过程。借用进化论的语言，可以将心理领域内的事实及其历史发生的过程所遵循的规律称为心理进化的逻辑。由此提出如下问题：心理进化的逻辑与机体进化的逻辑是否是同一个逻辑？若要将生物进化论作为心理学的思想基础，就必须论证心理进化与机体进化是否符合一个逻辑。相反，如果心理进化遵循的是与机体进化不同的逻辑，那么，以进化论作为心理学的思想基础就是一个逻辑的僭越，由此开展的任何形式的心理学研究方案，都必将是缘木求鱼式的努力而逐渐远离研究的理论目的。

福多认为"心理进化是自然选择的产物"的论断是不能成立。因为并非所有复杂性的功能设计一定是自然选择的结果。人类的大脑与猿类的大脑从形态来说差别并不大，但人类的智力却远远超过猿类的智力。由此我们发现，人类祖先身上相对于猿类很小的基因变化可能就足够产生人类如此巨大的心理变化。同时，人类的心理结构伴随着人的大脑结构，而我们并不十分清楚这个伴随关系的具体规则是怎样的。关于这个现象有两种可能性：一种可能性是，如果人类的心理变化需要在人类祖先身上发生大量的基因变化，那么人类的心理很有可能是自然选择的结果；另一种可能性是，如果一点点基因变化就足够产生人类的心理变化，那么人类心理变化完全可以不是自然选择的结果。然而我们完全没有理由认为第二种情况发生的可能性小于第一种情况，所以进化论的这个论据是先验论据，是站不住脚的。

(二) 心理由模块构成

心理学研究的方法论采用功能分析，出现了所谓的模块论。模块论认为人的心理是由大量先天且领域特殊的模块或者心理器官构成的。模块具有这样三个特征：模块是天生的心理结构，模块具有领域特殊性，模块具有信息封闭性。由于心理的功能性设计是为了解决某个特定领域的问题，而对于其他领域中的问题则无能为力。这是因为心理在进化过程中产生了许多专门的心理器官以便实现专门的心理功能。由这样一个运算机制构成的心理模块在指令方面是固有的，在目的方面是特殊化的，在信息方面是封闭的，即它并不能接触到认知主体所加工的所有信息。

这样的心理模块假说是适合当前科学领域里有关信息加工理论和认知神经科学的主流观点。一个重要且经典的心理模块假说是迪昂用于解释人类和动物数量能力的三重编码理论。迪昂通过对数能力的本质进行系统探讨，提出了"神经元复用"理论，能够统合实验心理学、发展心理学、比较心理学及神经心理学领域的研究成果。具有模块属性的"神经元复用"理论认为，人类的数能力与动物的数量感一脉相承，人类的数能力是遗传而来的数量感，并在后天文化环境中发展起来的，该理论得到了大多数同行的认可。与其它动物相比，只有人类能够创造并使用数字符号，这种能力产生的基础到底是什么？人类的大脑能够扩展其功能并创造出数字符号，它到底有什么特别之处？对于这些问题，目前存在三种不同的观点：第一种观点认为，相对于动物而言，人类的大脑进化出了许多新的特殊的加工器，每一种加工器负责一种认知功能，数字加工器只是其中的一种而已。这种观点面临的难题是人类使用的阿拉伯数字及其计算规则存在的历史最多只有一千多年，所以，在这么短的时间内人类不可能进化出加工数字的特殊机制。第二种观点认为，数能力源于人的大脑皮层的可塑性。这种观点认为，人类大脑的特殊性在于其强大的学习能力，大脑结构对于新的加工能力的获得没有约束和限制。这种以学习为基础的理论虽然可以解释大量的人类文化中通过学习获得的能力，但是它却无法解决由此产生的矛盾问题，即个人在学习过程中同一脑区有可能执行不同的功能。所以，人的大脑中的功能分区是因人而异的，这显然不符合神经心理学和认知神经科学的研究发现。迪昂提出了第三种观点，他称之为"神经元复用"理论。该理论认为，人类的数能力依赖于大脑中预存的神经回路。人类的大脑结构与其他灵长类动物有许多共同特点，在很大程度上受遗传基因的影响，具有很大的局限性。但是，与上述的第一种观点不同，该理论认为，神经回路在文化环境中可以复用，也就是预存的神经回路可以根据环境的需要适当地微调已有的功能，它突破了第一种观点中神经回路的不可变性，认为大脑回路也有一定的可变性。正是这种可变性能使大脑神经回路的预存倾向发生变化,以便满足它的其他用途,这样人脑就获得了利用文化工具的优势,它不仅可以表示数字的近似量,而且可以进行精确的数学计算。从已有的研究结果来看,这种理论具有很好的解释力,目前已经成为解释数能力本质的一种很有影响的理论。"神经元复用"理论通过提出认知模型"三重编码模型"和神经模块模型"顶叶三回路共存说"来解释人类的各种行为和神经科学研究成果。

然而这样的模块论真的能够解释人类心理的复杂性和多样性吗?我国学者熊哲宏教授认为,模块假说有两个缺陷:第一,泛模块化的倾向。如果认为人类心理是有大量模块构成,那么几乎人的所有专长或技能都可以说成是特殊的,这样就是把领域特殊性直接等同于模块。第二,模块的功能有限性。如果认为人类模块功能是先天的,那么这将导致所谓的心理模块必然被限定在祖先生存环境中所面临的适应问题的范围之内。这是因为心理进化所产生的模块是用来解决祖先生存环境中社会领域中的适应性问题的。但现代文化的新颖性和多样性显然与我们祖先所面临的适应问题没有关系。

(三) 文化与心理进化

心理学应重视文化加速进行心理进化的重大意义,我们需要看到自然进化和文化变异之间的本质区别。达尔文提出的模块功能限定在我们祖先在其生存环境中所面临的适应问题上。但是现代文化的新颖性和多样性显然与我们祖先面临的适应问题是大大不同的。现代文化的许多领域在人类认识中的出现是非常偶然的事情,其中许多领域在内容上从一种文化到另一种文化有很大不同,或者在很多文化中根本就不存在。如果一味单一地、过分地强调自然选择的作用,会造成对人类生活史和历史分析的错误,即自然范例的过度简化去涵盖人类的社会史和科学技术史。事实上,文化是自然界中的新颖事物,它可以超越纯自然选择的有限作用。如果忽略新颖的、多样的文化所产生的影响,仅仅将一种在进化和遗传上预先设定好的心理模块作为现代文化领域标准,实际上是牵强的。

古尔德提出了"无适应机制"的概念。无适应机制是指对生物体目前的生存与繁衍起着特定的功能作用,但这种功能作用自身却不是自然选择的那些机制。这些机制既包括先前通过自然选择才行使某种功能而现在却赋予新的功能的那些机制,也包括其自身并不是自然选择的结果而只是副产品但现在却具有了某种功能的机制。例如,鸟的羽毛最初是由于其保暖而在进化过程中通过自然选择而保留下来的,可后来这些羽毛却具有了帮助鸟类飞行的功能。因此,古尔德认为,我们没有理由简单地设想人的思想、语言、推理等都是自然选择的结果。有些很重要的特质,并不是明确的自然原因所导致的(或只是间接的),有的只是意外的结果。一个例子便是,我们的读写能力,是当代文化的推动力。可是不能说是自然选择为了这个目的,促使我们的祖先人类形成了语言模块,使得人类脑容量加大。因为现代智人历经千万年的进化,才有今日的大脑,千万年前的祖先是没有语言读写能力。人类脑容量的加大另有原因,而读写的能力,是在人类为了其他功能而增加智力时的偶然结构。

第二节 人类空间能力的发生

一、人类空间学习行为的基本观点

(一) 两大理论起源

1. 科学主义心理学

科学主义心理学是指一种以自然科学为价值定向的心理学研究取向,它接受了物理主义的一元论这一自然科学关于世界的基本预设。科学主义心理学的本体论受到了物理主义一元论的决定性影响。科学主义是现代研究动物和人类心理和行为的主流取向,从内容心理学开始,相继发展和完善为构造心理学、机能心理学、行为主义心理学、皮亚杰学派和认知心理学等当前主流心理学取向。其研究范式包括心理主义范式、行为主义范式和信息加工范式。

科学主义心理学的主要观点包括:①心理现象和物理现象的类比。心理现象本质上就是一种物理现象,心理与物理没有本质上的区别,行为与物理现象没有根本性的区别。②主张自然科学的研究方法。这种心理现象本质上就是物理现象的认识,科学主义心理学家将心理学定性为自然科学,企望心理学研究像物理学、生物学这样的自然科学那么精密、客观。③因果决定论。科学主义心理学的还原论与物理主义的一元论立场密切相关。科学心理学大多采用元素论、还原论的立场进行研究。与物理主义一元论密切相关的因果决定论是科学主义心理学的另一个预设。因果决定论认为宇宙中所发生的一切都可以由确定的因果规律做出解释说明。科学主义心理学认为因果决定论也适用于解释和说明人类的心理和行为。④研究普遍规律。正如物理学通过研究寻找物理世界的普遍规律，然后以这些普遍规律为基础预测来控制物理现象，科学主义心理学试图寻找人类心理和行为的普遍规律，然后通过这些规律预测和控制人类的心理和行为。因此科学心理学在进行研究时并不重视人类个体的独特性，因为他们坚信所有个体的心理和行为都是服从于人心理和行为的普遍规律。

科学主义心理学研究积累了很多有价值的研究成果。①科学实证精神促进学科的良性发展。行为主义心理学吸收了实证主义的原则，重视自然科学的研究成果。严格以经验证实和严格的科学操作进行研究，同时注重心理学面向实际生活，这促使心理学进入了客观、开放和应用研究的科学发展道路，推进了心理学学科的发展。②科学方法加深对人类心理本质的认识。认知心理学力图进一步实现心理学可证实性和精确性的客观主义的科学理想，通过分析人的外部行为推论心理过程，通过计算机模拟来验证假设的真实性，从而打破了行为的环境决定论和精神分析非理性的分析论，开创了研究人的认知过程内部机制的新范式。

但同时我们也应该认识到，心理学的科学主义取向也有其不足。①研究对象的局限性。无法持续研究对象的可观察性，过分重视现实经验的表达，无视人的主观能动性，没有正确处理好研究过程中工具与目标的关系。②研究过程的割裂性。没有正确处理好方法与问题的关系，忽视了心理活动的整体性和心理要素与整体心理活动之间的不可分割性等。③研究价值的模糊性。科学主义心理学由于对人类心理的主体性缺乏关注，将人心理过程分解为一系列过程，这些不足便导致了心理学对人的尊严、价值感的漠视，人的社会性的抹杀，把人变成了没有情感、动机、个性的客体，心理学也就变成了没有心理的科学。这些问题使科学主义取向的心理学不能全面系统地揭示人类心理本质，不能成为真正阐释人类心理问题的统一范式。

2. 人文主义心理学

人文主义心理学也称为人文科学心理学，早在科学主义心理学形成之时它就已经形成，但是从一开始它就处在非主流、不被重视的地位。人文主义受现代西方哲学的人本主义思想影响,始于布伦塔诺的意动心理学和古典精神分析心理学,依次发展为自我心理学、客体关系心理学、自体心理学、社会文化心理学派、存在分析学、马克思主义精神分析学、后现代精神分析心理学等。

人文主义心理学的主要观点是:①人文科学为价值取向。以人文科学为价值定向的心理学研究取向,它坚持心理学的人文科学观的主观经验范式,力图构建以人文科学为模板的心理学理论模式。②强调人的整体观。人文主义心理学强调人只能理解,不能描述,只能利用整体的观点和方法研究人的心理,人独特性的价值和意义才是心理学研究的主要对象。③研究精神和社会文化。应该从精神和社会文化方面去理解和研究人,强调人类的知识体系、研究群体及组织结构和文化氛围的重要性。

人文主义心理学有其进步意义。①回归心理的研究价值。通过重新认识人的独特性并在此基础上建构新的研究方式,试图重新勾勒心理学应有的形象。对人的本质的理解是人文主义心理学理论建构的逻辑的起点。人是心理学研究的对象和主题。这在一定程度上表明科学主义心理学对人的价值忽视是有进步意义的。在科学主义心理学那里,人从未成为真正意义上的人,人的本质被分解的面目全非。②强调心理的整体性。构造主义者将人看作与物理化学里的反应物同等地位一般的"反应者",并将人的心理、意识等机械地拆分为不同"元素",试图通过研究这些"元素"的组合规律来揭示心理活动的规律。行为主义"人兽不分",忽视人与动物的本质区别,将在白鼠、鸽子、猫等动物身上得到的研究结果毫无保留地推及人。认知心理学将人类比喻为计算机,将人仅当作一个物。人文主义心理学认为心理现象远比自然界的机器和其他动物复杂,凸显了人的主观性、历史性、相对性和自我生成性的存在。

同时也看到,人文主义心理学也有自己的不足。①研究结果的有效性难以保证。由于坚持反对科学主义心理学的客观主义研究方式,主张以主观范式取而代之,这在很大程度上削弱了研究的科学性,注重人的理解和体验等解释学方法,由此获得的结果难以得到有效的验证,影响了研究成果的推广。②研究的可操作性和可理解性较低。由于人文主义经常创造和使用很多语义模糊的、庞大的概念体系,可理解性和可操作性不强,一定程度降低了心理学的科学性,甚至把心理学带向非科学的危险境地。因此一直以来它都是心理学的非主流研究方法。

(二) 进化论观点

在进化论的视野下，人类与动物的行为具有连续性和差异性。相比动物，人类无论在加工机制和整体学习行为表现都表现出与其他动物的相似性和独特性。

1. 空间加工机制

人类和动物在空间巡航所采用的加工机制表现出相似性。在人和动物的空间巡航过程中，基于运动反馈信息的路径整合和视觉反馈信息的特征加工是两种最基本的加工机制，人类和动物表现出差异性。人类空间巡航相比动物空间巡航对基于视觉反馈信息的场景信息加工有更强的依赖性，而其他动物的空间巡航活动对基于运动反馈信息的路径整合信息加工有更强的依赖性。人类表现对视觉信息的依赖，而动物表现对运动信息的依赖。这种人和动物对不同加工机制的特异性依赖的原因，可能与各自的感觉通道发展水平有关。

2. 空间学习表现

人类和动物的行为研究与神经研究发现，空间学习行为表现出跨物种的相似性。比如，在啮齿类和人类中都发现了一些电生理现象，位置细胞、网格细胞、相位迁移。同时也显示出了物种间存在的显著性差异。与动物相比，人类的空间定向行为有自己的独特性，会表现出某些截然不同的特点。一方面，人类缺乏其他某种物种所依赖的那种用于空间定向的感觉系统和感觉机制，动物的嗅觉、触觉和听觉感觉系统比人类相应的感觉系统要敏锐很多，比如动物可以利用其发达的嗅觉、触觉和听觉等来定位，因此拥有地理上绝对的甄别方向的地磁感。另一方面，人类也显示出了某些其他物种所没有的心理过程和心理机制用于空间分析，提高人类的空间表现。相比动物而言，人类发达的语言符号系统和丰富的社会文化生活，使人类极其依赖图像或者语言符号等内在表征对空间环境和场景细节分析来进行空间定位，地标就是人类在空间学习中一种常用的线索，并且人类可以用图像、符号、词汇、联想等多样的形式来储存和表征这种地标线索，这种丰富和多变的分析方法在动物的空间学习中是不存在的。这是因为人类在不同空间环境下的场景线索联结了相对应的社会文化生活功能。比如，当人类看到办公桌清楚自己当前位置是在办公室而不是游乐场，看到摩天轮清楚自己是在游乐场而不是在办公室。最令人注目的是，我们人类所具有的复杂的内在加工能力，它容许我们可以从不同的视角去表征整个空间环境，以及对不断旋转变化的物体进行想象。尽管近四十年来，以小鼠和猕猴的动物电生理研究对认知地图的细胞机制有突破性的发现，并且很多研究在人类中得到了验证。但如果考虑物种间的感觉信息加工和信息整合模式的不同，在将动物研究推及人类加工并验证动物研究发现的同时，更要考虑人类的生活场景对空间记忆尤其是认知地图构建的影响。

（三）建构论

人类行为的建构理论受到了行为主义心理学、认知心理学、联结注意认知心理学的影响。

1. 人类学习的行为主义心理学

行为主义心理学强调行为强化，即人类的行为受到强化而改变。行为主义理论认为人类个体所有行为的产生和改变都是刺激与反应之间的联结，学习是由经验引起的行为的相对持久变化，其实质就是刺激与反应之间关系的联结。华生把"刺激—反应"作为行为的基本单位，认为学习即"刺激—反应"之间联结的加强。新行为主义心理学的代表人物斯金纳在巴普洛夫的条件反射基础上提出了操作条件作用。强调刺激就是强化，应把强化作为促进学习的主要杠杆。动物由于某种需要而产生探索或自发活动，在探索过程中，某一行为达到了目的，这种行为就会受到强化。那么它就学会用这一行为去操纵环境以达到目的。该观点强调，当行为的结果有利于个体时，行为就会重复出现，这就起到了强化作用。如果行为的结果对个体不利，该行为就会弱化或消失。可以发现行为观点包括：第一，行为改变"刺激—反应"的联结；第二，学习是联结的加强；第三，强化能够促进学习过程。

2. 人类学习的认知心理学

认知心理学提出了认知控制，即人类的认知能够对行为进行控制。当代认知心理学家认为，认知过程就是人脑对信息选行输入、编码、储存、提取、输出的过程。这是一个控制系统的执行过程，控制系统包括目的系统、策略系统、计划系统、监控系统四部分，这些系统协同配合，有力地影响信息加工的执行过程。认知心理学的理论观点强调个体能够通过获得及组织资料，认识问题并找出解决问题的方法，形成概念及表述它们的语言来提高人的内在动力从而理解世界的方法。其中一些模式给学习者提供了信息和概念，另一些模式强调的是概念的形成和假设的验证，还有一些模式则提出创造性思维。也有个别模式用来提高人的一般智力，许多信息加工型模式可用来研究自我和社会，从而达到个人和社会的双重教育目标。当代认知主义心理学还提出了元认知的新理论，这是一种关于对自己的认知过程的认知理论。这种观点认为最有效的学习者都在不断提高自己对学习的元认知意识，包括对自己如何学习、如何拓展工具、如何控制学习过程等。换句话说，他们形成了对学习策略的"执行控制"，而不仅仅是消极被动地接受环境的影响。可以发现认知观点包括：第一，认知是一个控制系统；第二，个体具有内在认知结构；第三，元认知能够调控学习过程。

3. 人类学习的联结主义认知心理学

当前认知心理学的一个重要发展是融入了认知科学、计算机科学、神经科学的研究成果，形成了联结主义认知心理学。联结主义认知心理学的直接基础是并行分布加工的发现和神经系统网络化结构的启示。其主要理论的观点包括：第一，进行分布加工。联结主义认为认知系统是简单而大量的加工单元的联结网络，网络中的某个单元在某一特定时刻总是处在某种激活水平上，它的实际的激活水平与外在环境和其他与之相连的单元有关。第二，神经系统网络化结构。以"心理活动像大脑"为隐喻基础，联结主义取向认知心理学试图构建一个更接近于神经活动的认知模型。联结主义网络具有平行结构及平行处理机制，还具有连续性和亚符号性的特点，而且具有很强的容错性，这与人的大脑十分相似。除此之外，联结主义神经网络还具有自学习、自适应以及自组织等功能。第三，联结主义反对将人脑与计算机作类比，反对把加工符号化及心理内容表征。而是通过能量的流动及其加权运算说明认知过程，这很好的回避了符号加工取向所遇到的困难，然而联结主义以"心理活动像大脑"为隐喻基础，把大脑的网构型或同态型模型作为研究对象本身就具有一定的局限性。第四，与认知神经科学的融合趋势。联结主义能很好地与认知神经科学的研究成果融合，极大地应用于相关领域。由于认知神经科学是包括了脑科学、认知科学、神经科学等多个学科融合的结果。认知神经科学研究脑的活动及共同特点和规律，重在研究和探讨人类心理现象及心理活动的脑基础，以便揭示出人类心理与大脑的关系。它的两个基本观点是：认为脑结构与相应功能具有多层次性特点；虽然脑结构是其功能的基础，但结构和功能并非简单的对应关系。联结主义与认知神经科学的结合在未来能给心理研究带来更多的借鉴和突破。

二、人类空间学习行为的具体研究

人类学习行为研究一直是心理学、动物学、认知科学、神经科学领域研究者关心的热点。有关人类空间学习行为如何发展也曾有过很多研究，从出生婴幼儿的空间定位出现、幼儿早期的空间视知觉发展到学龄期的空间参照系形成，不同的空间能力发展有其各自发展的特点和规律，下面依次介绍。

（一）空间定位出现

空间位置与方向是发展人类空间能力的重要基础，人类如何学习空间位置与方向呢？

1. 空间定向

对于学前儿童来说，初步辨认些空间方位，不仅有利于其空间知觉的发展，且有利于增进其处理日常生活问题的能力。幼儿是如何加工他所生活的空间信息呢？研究者对幼儿的空间位置与方向的学习行为展开了研究。幼儿对空间方位的认识最初通常是借助于日常的身体运动开始的，以自身或周围物体为参照物，随着在空间里移动自己的身体，他们感知了位置、方向距离的关系。空间位置的定向，在心理学上是属于一种狭义的空间定向。即使是这种狭义的空间定向问题，在形成这种位置关系的过程中也动用了各种分析器，通过视觉、听觉、嗅觉、运动、触觉的共同参与来完成，其中视觉和触觉起着特别重要的作用。

视觉空间定向在儿童早期的生活中就已经出现。一个月左右的婴儿就开始把眼睛集中在1到1.5m远的物体上，这时基于视觉的空间知觉就产生了。2~4个月婴儿的目光能随运动物体的移动而移动，并在积累经验的过程中增长着区分空间物体的能力，开始感知在儿童水平方向上运动着的物体，以后注视在垂直方向上运动的物体，一岁之内能开始掌握空间的深度。人类发育和成熟的过程中，视觉和运动是最基本的两种空间定向方式。运动的物体激发了孩子朝物体方向的运动，例如，母亲引儿童朝她的方向走过去，或是朝皮球方向去拾球。儿童一边移动身体，一边掌握从一个物体到另一个物体的距离，用手去试试两个物体之间的距离。然后开始了自己的运动，学会了行走，在此基础之上发展个体空间特征的知觉，物体关系的知觉方面有了一个新的发展阶段。

2. 空间概念

在对空间位置和空间定向进行学习的同时，幼儿逐渐学习应用相应的空间词，掌握了简单的空间概念。同时，幼儿在空间定向方式和空间概念的形成过程中，也在不断运用感觉分析器用于空间定位，这使幼儿与空间能力相关的感觉分析能力得到进一步的发展和完善。

早期幼儿的日常生活与空间方位的认识与辨别有着密切的联系，生活中对物体的精确认识和判定都涉及到空间定位问题，这些生活中涉及的空间定位任务包括两大类：①对一些处于静止状态物体的空间方位的确定以及物体之间空间关系的辨认，确定常用物品的空间位置、清楚常用物品和自己身体的空间关系、能够辨认不同物品间的空间关系。比如杯子在桌子上、妈妈与自己身体的位置关系、书在桌子的上面、台灯在窗户前面、饼干盒在抽屉里面等。②对活动中个体的空间方位的描述，小明跑在小强和小黄的中间，小猫绕到沙发背后，他从楼上跑下来了等。儿童正是通过描述、命名和解释空间的相对位置并应用相对位置的概念在探索空间关系，它是儿童空间与几何概念发展的基本，儿童早期空间感的相关经验能够为其后续的进一步学习奠定良好的基础。

从这些变化可以看出，视觉和动觉分析对个体的空间位置关系定向起着特别重要的作用，同时空间概念的获得为后续复杂的空间学习形成了重要的思维基础。

（二）空间视知觉发展

人类早期空间知识的获得依赖必要的视觉、运动和语言活动，在这些活动进行空间区分和空间定位。在空间活动进程中，个体的空间视知觉发展大致包括了以下六个关键过程。

1. 空间知觉

出生四五周的婴儿开始把眼睛集中在 1~1.5m 远的物体上的时候，空间知觉就产生了。

2. 运动物体

在二至四个月儿童那里，可以观察到他们的目光随着运动物体而移动的情况，在开始阶段目光移动是跳跃式的；然后就进入第二个阶段，即随着空间运动着的物体连续地移动的阶段，这在三至五个月的儿童身上可以观察到。随着目光固定机制的发展就形成了头和躯体的分化运动，这时儿童在空间的位置本身也发生了变化。艾里康宁写道："物体的运动引起这个年龄儿童眼睛的运动。"但是，他们还不会观察和寻找物体。寻找物体发生的稍晚，即在用眼睛跟踪物体在空间移动的基础上才发生。因此，有时几乎不能分辨是在观察，还是在寻找。在积累运动感觉经验的过程中增长着区分空间物体的能力，增加着距离的分化。例如，三个月的儿童就能学会注视 4~7m 距离的物体，而十个月的儿童就已会注视做圆周运动的物体。对不同距离运动着的物体的意识证明了一岁以内的儿童就能开始掌握空间的深度。可见，发生在儿童自己朝着物体的运动之前，物体的运动乃是感觉发展和感觉功能改造的源泉。由外界环境的物体运动引起了个体的空间注意，具体表现是儿童能够追踪不同方向、不同距离的运动物体，而这种最初的空间探索为个体的空间定向奠定了基础。因此外界环境中物体的运动对个体获得空间定向极为重要。这些运动的物体对儿童空间能力的影响至少表现在两个方面：第一，儿童进行空间区分。在开始时儿童是把空间感知为一个不能区分的连续体的。是运动把物体从周围空间的群体中区分了出来。第二，物体的运动诱导了的儿童运动追随。开始时目光是固定的，而后的转头、手和其他部位的动作表明，运动着的物体乃是儿童注意的对象，正是这些运动着的物体激发了儿童自己连续不断的运动。

3. 运动分化

随着儿童注视物体在空间中运动的能力得到发展，他们开始能够对不同运动方向的物体进行区分。儿童起初所能感知到的是在其水平方向上运动的物体，以后由于长时间的训练，他们又学会了注视在垂直方向上运动的物体，这种运动方向的区分引导了儿童对不同运动方向的最初感知。那么个体对空间方位获得的雏形是什么是需要进一步研究的。因为这种区分扩大了他的视野，激发了他朝着物体方向运动，物体的运动以及儿童本身的运动共同地促进了儿童感觉机制的发展。

4. 运动距离

随着身体的逐渐直立和移动（走步），大大地增长了儿童对空间的实际知识。儿童一边移动一边掌握着从一个物体到另一物体的距离，好像要测量距离一样。例如，儿童用一只手抓住床栏杆，想要走到沙发那儿去，他多次地在自己运动的不同点把手伸向沙发，好像在测量距离，寻找最短的路线，离开了床，开始了运动，而后靠在沙发背上。这种在行走中的距离感受的最初获得是空间距离知觉的最早显现，能够帮助儿童完成空间定位的距离信息。随着儿童学会行走就产生了新的控制空间的感觉——平衡感觉，以及与视觉结合起来的加快或放慢运动。活动儿童对空间的这种实际知识改造了他对空间定向的整个结构的机能。从此，在发展空间知觉、空间特征的知觉和外部世界物体关系的知觉方面就开始了一个新的时期。

5. 空间语言

"空间语言"也称为空间方位辨别体系。空间实际经验的掌握和积累使他们逐渐掌握了概括这些经验的词汇。不过，在学前早期认识空间关系和在形成概念时起主导作用的还是直接的生活经验。这种经验在学前儿童的各式各样的活动中积累起来（在活动性游戏和在建筑游戏中、在创造性活动中和在散步过程的观察中等）。随着活动经验的积累，词在形成空间知觉的系统中，开始起着更大的作用。空间定向要求善于使用某种辨别体系。在婴儿时期儿童的空间定向是建立在叫作感性辨别的体系之上，即按照自己身体方向的辨别体系的基础上的，因此也称为自我空间方向。在此基础上儿童掌握语言的空间辨别体系是：前—后，上—下，右—左。表现为三个方面的特征：第一，这些空间方向的区分决定于儿童掌握"自己身体图式"的程度。儿童首先把不同的方向与自己本身的一定部位相对应。建立以下类型的联系：上边是头，下边是脚，前面是脸，后面是背，右面是右手，左面是左手。在儿童掌握空间方向的过程中，本人身体的定向是出发点。第二，在以人体为坐标的三个轴的三对相对应的基本方向（横向的、竖直方向的和纵向的）中最早分出的是垂直轴的上边的方向，这是由儿童身体的垂直位置决定的。对垂直轴的下边方向的区分和对水平面两对方向（前和后，左和右）的区分产生的要晚些。第三，基本上掌握了两两相反的三对方向组后，在每个组内的区分的准确性上仍然会发生差错。儿童区分左和右是特别困难的，而区分左和右乃是建立在区分身体的左面和右面这个过程的基础上的。因此，儿童只能逐步地理解空间方向是成对的，并掌握它们相应的标记和实际的区分，这证明了儿童按基本的空间方向掌握语言辨别体系过程长期性的特点。

6. 认知地图

在学校教学时期儿童掌握了新的辨别体系——按水平的方向分出东、西、南、北。掌握每一个新的辨别体系都是要建立在巩固地掌握前一个体系的基础上的。在研究中曾证明了三、四年级学生掌握水平方向是依赖于他们在地图上区分基本空间方向的能力的。例如，儿童在开始时把北与空间方向上联想在一起，把南和下联想在一起，把西与左联想在一起，把东与右联想在一起。

（三）空间参照系形成

当个体在发展空间视知觉的过程中，有一个重要的概念是空间参照系，这种空间参照系的发展伴随着各种空间学习活动的完成。其建立在一定的空间定位和空间视知觉基础之上，个体对空间关系进行判断时所依赖的参照框架。空间参照系也有其逐渐发展和成熟的过程，首先个体需要形成空间辨别体系，并在其基础上形成不同的空间参照系。

1. 空间辨别体系

空间定向要求善于使用某种辨别体系。在婴儿时期儿童的空间定向是建立在叫作感性辨别体系上的，即按照自己身体方向作为辨别的基础。在学前时期，儿童是按照基本空间方向去掌握语言的辨别体系的：前—后，上—下，右—左。在学校教学时期，儿童掌握了新的辨别体系——按水平的方向分出东、西、南、北。

这种空间方向的能力在生活中表现为：某人去了一个没有去过的陌生城市，当他面对着一幅地图，清楚自己现在在哪里，知道目的地的名字，并了解如何根据地图找到自己去往目的地的位置。但是很多人不会看地图，不知道地图上的路线对应于现实生活中的应该怎么走。例如，儿童在开始时把北与空间方向上联想在一起，把南和下联想在一起，把西与左联想在一起，把东与右联想在一起。婴儿的基本空间方向的区分决定于儿童"在自己身上"定向的水平，决定于他们掌握"自己身体图式"的程度，实质上也是掌握"感性辨别体系"的程度（T·A·穆谢依鲍娃）。这么说的关键在于怎么走这个行动，是用自己身体做参照，还是用环境做参照。很多人转换到自己身体做参照系是很困难的，但是用环境物体做参照系，又不能确定物体。

之后在感性辨别体系上面又加上了另一个辨别体系——语言辨别体系。这是由于巩固了儿童感性地区分属于他们方向的名称（上、下、前、后、左、右）的结果。可见，学前时期是按基本空间方向。在本书后文属于自我参照系，这也是为何空间研究首先要区分自我参照系和客体参照系，因为涉及了掌握语言辨别体系的时期。

2. 空间参照系

从上述个体在空间活动中形成有关空间定向的知识和动作中可以看出，在人类日常空间定向中主要有两种空间辨别体系，一类是以自己身体作为参照系来确定物体的方位，一般用上下、前后、左右等词汇来完成空间定位，称为自我参照系；另一类以客观环境为参照系确定物体的方位，一般为东南西北等词汇来完成空间定位，称为客体参照系。这两类参照系是人类空间定向活动最常用到的参照系，在下文详细介绍。参照系的存在是因为个体确定物体的空间位置需要依据某个参照点或者一个标准，没有这个参照点或者标准就无法辨别客体的空间方式，无法表示客体的空间方位，甚至用不同的参照系表示的方位也存在很大不同。

两种参照系使用时的不同表现在，使用自身参照系时，物体间的位置关系具有可变，而使用客体参照系时，物体间的位置关系不变。在使用自身身体参照下确定的空间位置关系具有相对性，如果自身的身体位置参照系发生了变化，那么物体间的位置关系也随之起了变化，这就是空间位置关系的可变性。而在客观环境参照系确定的物体空间位置关系具有绝对性，物体位置相对于环境的关系是稳定的，只要不发生地震以及其他影响，依靠周围环境的东南西北来确定物体方位是不会发生改变的，物体位置的确定则不受自身身体位置影响，具有稳定性。以人坐在椅子上、餐桌上吃饭为例。如果依靠自我参照系，以我为基准，桌子在我的前面，椅子在我的后面；我转了个身，那么桌子在我的后面，椅子在我的前面了。但是依靠客体参照系，桌子永远在房间的中间，椅子永远在房间的最南侧。但是无论哪一种参照系，物体的空间位置关系具有连续性。空间方位从上到下、从左到右、从前到后的区域是连续的，不能截然分割的。同样，空间方位从东到西、从南到北的区域也是连续的。

三、人类学习行为的研究展望

在哲学和心理学中，包括人类空间学习行为在内的一个难题是：人类学习行为是如何发展的？这一问题的回答从极端的先天论到激进的经验论不一而足。

(一) 先天论和后天论的争论

有关人类空间学习行为是如何发展的这一问题争论的焦点主要是对于学习行为发展的预生成性与后天的环境可塑性之间的争议，具体表现出两种思想取向：先天论和建构论。先天论主要以达尔文进化论的模块思想为基础，提出人类天生就有关于物体和空间的知识，这些知识随着后来语言的学习而得以扩充。来自进化论的模块观点来看，不同来源的空间信息是分别在单独的不同认知加工单元中被加工的。模块性通常是与先天论者的观点联系在一起的，尽管这一联系并不是由逻辑所强行决定的。后天论主要以建构主义为基础，认为空间表征是人类个体在与物理环境、社会环境、文化交互的过程中发展起来的。近来，在新建构主义和贝叶斯理论统计的基础上，研究者提出了适应性框架理论，用不同元素的权重机制很好解释了人类是如何利用外界环境线索来进行空间学习的。基于这种观点，人类的空间学习过程是通过一种基于各种资源的潜在重要性来权衡的机制，从而把这些信息资源联合编码在一起。有关模块论的讨论在上一节已经进行过充分的论述，本节将着重讨论对适应性框架理论的一些思考。

(二) 适应性框架的发展困境

适应性框架通常是与经验论联系在一起的。因为这种机制在一个综合过程中进行各种权衡会受到经验的影响，这似乎是很自然的事情。然而，也可能暗示着这些权衡的能力是先天就具有的。空间发展是一个具有较强先天基础的领域，比如婴儿先天具备有关空间的专门知识，在加工空间信息时发现的许多跨物种相似的电生理现象等。然而，皮亚杰却认为，空间经验的先天基础非常微不足道，像抓取这类简单的感觉运动经验是空间能力逐步提高的出发点，也就是说空间能力的发展产生于儿童与世界的相互作用之中。

目前适应性框架发展的起源还是未知的。适应性框架这一系统可能产生于先前的经验，至少这些编码机制的某些方面可能是先天就具有的。空间记忆机制的物种间相似性可能就暗示着这种先天适应性机制存在的可能性，因此可以使用适应性空间模型来思考非人类物种的各种行为。研究者发现，同人类类似，老鼠的海马体中存在着位置细胞，且猕猴也可以具有类似人类那样的位置编码。然而，还需要大量地进行进一步的研究，来准确详细地说明空间学习行为的哪些方面是遗传模块具有的。也就是说，从物种连续性来讲，人类和动物共有的空间信息加工机制有哪些？同时也需要说明空间学习行为的哪些方面是在物理环境、社会生活、文化环境的交互作用下习得的？也就是说，从物种差异性来讲，相比动物，人类特异的空间信息加工机制有哪些？因为物种间一致性中的某些部分可能是由动物所面对的环境要求决定的，从而造成了人类和动物的行为产生起点机制在一定程度的同步，这有助于理解建立在不同物种加工同步起点之后的后天环境对先天信息模块的修饰和完善。例如，从心理物理学的角度来说，相对于较长的距离来说，某个位置相距一个路标的绝对距离无疑会得到更为精确的估计，因此依据距离对信息进行加工的过程自然是应该通过个体与环境的相互作用而产生的。从这一点来看，人类和动物所共同具有的那些先天东西是对反映这些统计原则的东西进行学习的能力。然而，在这类模型的所有实例中，发展都是存在于对含有最大信息量和最大用途的联合规则进行掌握的过程中的。总之，适应性框架理论具有较强的解释力，但是考虑到空间学习经验通过进化存储在人类大脑中，在解释人类的空间认知能力形成时，需要该理论重新评估进化保留的空间信息加工和环境建构的空间信息加工的整合。

（三）重叠波理论的理论借鉴

这种适应性框架的解释困难可以借鉴近来的重叠波理论。该理论与适应性框架对人类行为的思考方式有一些相似之处。二者的共同点是强调各种不同行为之间的相互影响作用。重叠波理论关注不同的问题解决策略在发展时间上的同时性问题，而且将这些策略的盛衰看作是对一个情境的编码以及对于成功的反馈等因素的函数。与适应性联合理论的相似之处是，两种理论都承认，行为产生于不同的动作基础之间的相互作用，且变异性是发展的源泉。然而，重叠波理论一直关注策略或程序步骤等方面的变异性，而非不同类别的刺激信息在编码方面的变异性，而且倾向于考虑各种影响之间的竞争性，而非把这些影响结合起来看其是如何决定行为的。这些不同之处至少有部分原因是由于它们所考虑的是不同类别的认知发展。适应性框架理论分析的是记忆中的表征以及它们在行为中的用途，而重叠波理论则主要关注认知技能的获得（如加法运算）或有关动态性问题的规则判断（如平衡柱问题）。未来对人类空间能力的发展或许需要两种的关注重点进行整合，来同时兼顾空间能力的获得和空间技能的获得。

第四章 空间能力的共性发展研究

在生物演化过程中,人类空间能力与动物空间能力表现出相似性和差异性,这是理解人类空间能力形成的起点,本章开始介绍人类的空间能力是如何发展和变化的。人类空间能力在发展过程中并非全然遵循相同的模式进行标准化发展,而是表现出很大的变异。本章节首先对人类空间能力的共性的、规律性的标准化发展研究进行分析和探讨。基于空间活动所依赖的空间信息、加工方式和功能目的的不同,人类的空间知识活动可以分为:空间方位的发展和空间几何形体的发展,其中空间方位和空间几何形体的发展离不开空间语言的方位词。因此本章将分别从空间方位、空间几何形体和空间语言方位词的发展介绍人类空间能力发展的共性规律。

第一节 空间方位的共性发展

一、空间方位的发展过程

空间方位是个体对空间位置的知觉,个体的空间方位知觉大致经历了自我身体的方位感知、运动过程的方位感知和客体永久性获得的方位感知三个阶段。

(一) 空间方位与自我身体

人类早期,婴幼儿对空间方位的获得是与自己的身体部位紧密联系在一起的。幼儿对周围空间物体定位的前提是,他们首先能够把不同的方向与自己本身的一定部位相对应,利用身体部位形成初步的空间定向能力。他们会将空间方向与身体部位建立如下类型的联系:上边是头,下边是脚,前面是脸,后面是背,右面是右手,左面是左手。在此基础上,他们能够区分环境中不同的空间方向。

空间能力研究与教育启示

幼儿对环境进行空间定向的发展顺序是：首先能够区分上下、左右、前后三组不同的朝向，随后区分每个组内的两个方向。在基本掌握了两两相反的方向组后，幼儿还会在每个组内两个方向的区分上发生差错。他们很容易混淆左和右，上和下。因此，幼儿只能逐步地理解空间方向是成对的并掌握它们相应的标记和实际的区分。在这个区分空间方向的发展过程中，幼儿混淆左右是很常见的情况，值得追问的是当幼儿能够清晰地区分左右这对方向时，是什么因素导致幼儿在左右区分时造成混淆。一种可能是因为这种区分建立在幼儿首先要区分自己身体的左面和右面这个基础上。而左右区分要求幼儿必须同时形成互逆的空间概念，这对于幼儿的空间方位学习是有挑战的。左右是一个水平轴上相反的标记，需要幼儿对两个标记进行比较。换句话说，幼儿从"左右"这个互相联系的相反方向的空间关系中，想要区分出一个方向必须依赖于知道另一个方向。这意味着幼儿在空间定向中要能够清楚的辨别哪边是左，哪边是右，这不仅需要知道绝对的"左"和"右"，还需要知道"左右"之间的空间关系是互逆的，他们必须同时形成互逆的空间概念。这揭示了幼儿按照基本的空间方向来掌握空间语言辨别体系这一发展过程的长期性和特点。

（二）空间方位与运动

在获得空间方向的基础上，幼儿对周围环境和物体进行空间定向时，是如何利用他们所掌握的辨别体系呢？这是从"实践试探"开始的，幼儿的早期空间方位与其运动密切联系，这时运动分析器对空间方位发展的作用特别关键。例如，幼儿先用背靠着沙发，然后认识到沙发在他后面；随后他又用手摸了沙发上面的玩具之后，确定玩具在他身体哪一侧等。换句话说，幼儿是把物体和他自己身体的不同方面的感性辨别系统实际地对应了起来。这种通过探索环境和进行实验的方式来认识世界的观点，符合皮亚杰关于婴幼儿学习方式的简单公式：动作＝知识。皮亚杰认为婴幼儿获得知识并不是通过别人传达的事实，也不是通过感知觉，而是通过直接的运动行为获得的。尽管他很多基本的解释和假设都受到了后续研究的挑战，但婴幼儿学习的重要途径是通过"做"来实现的这一观点却从未受到过质疑❶。

---

❶ 罗伯特·S.费尔德曼.费尔德曼发展心理学[M].杭州：浙江教育出版社，2021：121.

随后，幼儿开始掌握一系列的动作方式来判断物体的空间方位，他们用于空间定位的动作的发展顺序是：身体转动朝向物体、手指向物体、手势动作指向物体、头部动作指向物体、目光朝向物体。他们运用一系列的动作能够指向物体的空间方位。具体而言，幼儿首先开始学会用身体转动朝向物体代替与物体接触而向物体的直接移动，随后这种身体转动又被手在需要的方向的指示动作所代替。开始时是较大的指示手势，后被不明显的手势动作所代替。后来指示手势又被头部的轻微动作所代替，最后就只用转向被确定物体方向的目光了。这样，幼儿从实际动作的空间定向方式转向了另一种方式，这种方式建立在对物体与主体间的相对空间位置的视觉定向的基础上，从动作经验的形成和发展过程中，幼儿逐渐将其内化为自身空间知觉的知识经验和动作技能。

正如巴甫洛夫所写的，这种空间知觉的基础是在空间进行直接位移的经验。只有通过运动的刺激以及与其联系的视觉刺激才能获得自己的实际的或信号的意义。这样随着空间定向经验的获得，在幼儿那里就产生了外部表现的动作反映的智力化。这种逐渐缩短的过程和向智力活动方面的过渡，表现了内在智力活动发展的一般趋势。幼儿通过运动来获得空间方位的发展过程反映了幼儿的空间方位知觉发展是在空间活动中形成的，依靠幼儿身体的感知以及运动觉和视觉的分析。幼儿早期空间学习过程的发展特点与动物空间学习过程的发展特点存在相似性，反映了内在经验获得的一般趋势。

（三）空间方位与客体永久性

幼儿通过动作经验探索环境进行空间学习的过程，逐渐获得了客体永久性。客体永久性的获得是幼儿脱离具体物体仍然能够进行空间方位判断的前提，这种"抽象的"空间方位知觉是建立在对周围环境和物体的"客体永久性"意识的基础之上的。客体永久性是发展心理学的一个重要概念，指的是在观察者的视线之外，理解客体的能力依然存在。婴幼儿在日常活动中会面临照料者暂时离开的情况，在婴幼儿早期，他们会认为母亲的离开就是"消失"因而会大声哭泣，这表明他们尚未形成客体永久性；当他们面对母亲的离开不会大声哭泣时，就意味着他们已经知道了母亲的离开并不是母亲的消失，即使他们没有感知到母亲的存在，母亲依然是客观存在的，并且能够根据母亲运动的轨迹进行追踪，比如追随母亲的运动。这时表明他们已经获得了客体永久性。皮亚杰将客体永久性划分为六个阶段，人类婴儿可能对物体的移动感兴趣，但在前两个阶段不会寻找消失的物体；在第三阶段，婴儿可能会在视觉上寻找消失的物体，能够找回被部分覆盖的物体；在第四阶段结束时，婴儿可以检索到被完全覆盖的物体，尽管他们对物体的运动感到困惑；第五阶段，婴儿可以根据物体的连续可见移动，确定物体的最终位置；第六阶段，婴儿可以推断出看不见的位移。客体永久性是一种基本能力，也是认知发展的一个重要里程碑。客体永久性的获得使婴幼儿能够在看不见客体的情况下，同时能够对这种看不见的客体进行相关的认知活动。这意味着幼儿内在形成了对应于"看不见客体"的替代物或者表征，即有关视觉图像的空间表象或者想象。这种客体永久性的获得反映了幼儿在空间定位发展到一定阶段后所处的空间区分能力。随着空间方位的发展，幼儿在空间活动中表现出可以观察的、外显的空间行为，幼儿内在空间性质的感知经验也必然得到改变和完善。

幼儿内在的经验结构对外部空间是怎样感受和理解的呢？幼儿如何理解客体环境呢？这个内在表象是如何进行空间区分呢？首先，幼儿有关外部世界的知觉在空间上是可分的，这也就是幼儿的空间区分。这是因为空间的客观特性——三维性把这个可分性"加于"我们的知觉。位于空间的物体与人体本身的各个部分是相对应的，于是人可以把物体按基本方向分解成各个部分，也就是把周围的空间感受分解成不同的区域，即前面的、右面的、左面的和后面的。在这方面幼儿是怎样感知的呢？具体分为如下几个阶段。

1. 在有限接触的空间进行空间定位

开始时，幼儿只是把直接贴着自己身体相应方面或极靠近的东西认为是位于自己前、后、左、右的物体。在这种情况下的空间定向本身只是在直接接触中，即挨着或靠近自己时才能实现。因此，幼儿在学习初能够进行空间定向的面积非常有限。

2. 区分不同的空间区域

随后，三岁幼儿就能够用视觉判断相对于辨别出发点的物体的位置。反映空间的界限好像离开了幼儿本身，但是所确定的物体的前、后、左、右的位置是与直接靠近横向或纵向的狭窄的空间范围相联系的。这好像是从定在主体上的辨别出发点向每一个方向垂直走向的直线。例如，幼儿对于位于右前方30°~45°区域内的物体，既不认为是在右面，也不认为是在前面。这种情况下幼儿常说:"这不是在前面,而是靠旁边一些。"或者说:"这不是在右边,而是靠前边一点。"开始时混乱地感知的空间,现在好像可以划分为不同的区域了。

3. 获得连续的空间整体

五岁时的幼儿所能区分出的前后左右区域面积扩大了。沿着某一方向(横向的或纵向的)的距离也渐渐增长了。这时即使是很远的物体,幼儿也可以确定出是在他的前面或后面、左面或右面了。渐渐地还扩大了从横向或纵向分出区域的面积,好像是较远的地方与幼儿接近了。幼儿慢慢地把地点理解为一个连续的统一整体。每个地方或区域被绝对化并只确定为是前面的、后面的、左边的和右边的(被贴上了标记)。各个地点互相之间还是严格地孤立着的,暂时还不存在互相转化的可能性。

4. 理解感知空间的可分性

再晚一些,半数幼儿能把空间分成两个区域,或者左和右,或者前和后。还能把其中的每一个区域分成两个地段(或两个方面)。例如把前面的这个区域可以分成前面的左边和前面的右边;把后面的这个区域可以分成后面的左边和后面的右边。如果分成左右两个区域,则又可把它们分成左面的前边和后边与右面的前边和后边。这时幼儿能够明确地标出空间的中间点:这是前面偏右或前面偏左等。这个年龄的幼儿已能理解所感知的整个空间按基本方向的可分性。他可以分出不同的区域和每个区域内的不同地段,这时已有互相转化的可能性和区域或地段之间界限的某种可变性。对没有进行过学习的学前幼儿发展的研究表明,只有个别六、七岁的幼儿达到了最高的水平。但是,在教学的条件下,所有六岁的幼儿对这些都是可以理解的。

(四) 空间方位与客体为中心

幼儿具备了对外界环境进行空间区分的能力之后,幼儿对物体之间空间关系的知觉和反映是怎样发展的呢?依据自己确定物体的位置,要善于运用把主体自己作为辨别起点的体系;而依据客体确定物体的位置,辨别的起点则是这个客体。要按照与这个客体的关系来确定另外物体的空间位置,需要能分出这个客体的各个方向:前、后、左、右、上、下。这个以客体为中心的空间定位的发展阶段包括以下三个阶段。

1. 客体的空间知觉是不分化的

开始阶段,幼儿还不能区分空间关系。他对周围的物体感知是"孤立的",不认识存在于物体之间的空间联系。如果说在婴儿时期幼儿的空间概念是模糊的和不分化的,那么到学前时期他们反映的空间则是离散的,很多3~5岁的幼儿能把分布在不同空间的物体按其共同的特征分组,把它们看作是相同的。这个时期的知觉特点表现为幼儿们用重叠法再现某一集合时遵循的只是物体的空间形象,不注意它们之间的空间关系,换句话说基于物体形象这种具体属性的分类要优先于基于物体的空间关系这种抽象属性的分类。例如,在两张图片的不同位置上各画上三个相同的物体。幼儿说:"图画是一样的,这里是小熊,这里也是小熊;那里是小兔子,那里也是;这是一套娃娃,那也是。"幼儿看到了相同的物体,但他好像没有注意到这些物体位置的空间关系,所以没有看到两张图片中的区别。因此,把一个集合的元素放在挨近另一个集合元素的并置法对幼儿来说是更为复杂的事。

2. 具有对邻近物体构成的连续性空间关系进行认识的意愿

这个阶段是以幼儿知觉空间关系的初步愿望为其特征的。幼儿处于由知觉空间的不连续性向反映空间关系的特殊性的过渡,但是他们对这些知觉空间的物体所处的空间关系评价的准确性还是相对的。例如,离辨认点较远的物体还会使幼儿感到困难,幼儿把物体互相之间位于较近的空间关系感知为是连在一起的。例如幼儿按直线或圆形摆放玩具时,常常把它们互相紧紧地挤在一起(这说明了幼儿在将物体排列成并列、前后和相反的方向时总喜欢紧挨在一起)。这也就是为什么用并置法再现物体集合时,幼儿总是企图把元素摆得互相靠近而不管它的个数。尽管幼儿对空间关系并不是不注意的,但他们对空间关系的判断还是十分模糊不清的。

3. 邻近物体构成的连续性空间感知为一个连续整体

这个阶段的特点是幼儿对物体空间位置知觉的进一步完善。幼儿先前用直接触摸物体来确定空间关系的方法被用视觉判断确定空间关系的方法所代替。同时,空间词语在正确评价物体间的关系中也起着巨大的作用,促进了幼儿更准确地区分这些物体间的空间关系。科学研究和实践经验证明了幼儿认识空间关系的巨大可能性,这离不开幼儿对表示空间关系的词汇的获得和使用。幼儿能够使用表示空间的前置词和副词标明隐藏在其它物体中的一些物体的位置,这种对表示空间关系的词汇的掌握和相关的语言技能的获得使他们能更准确地理解和评价物体的位置及它们的相互关系。对物体间空间关系的抽象感知是一个长时间和复杂的过程,这个过程在学前时期是不能完成的，要在学校教育的条件下继续完善。

二、空间方位的发展规律

(一) 空间方位依赖一定的基础

1. 幼儿自己身体模式的空间认知是认识基础

幼儿对"自己身体模式"的认识是他按基本空间方向掌握语言辨别体系的基础。这就决定了幼儿在最初阶段确定物体的空间关系时要直接触摸物体。幼儿把"自己身体模式"转移到他要识别的客体上去。因此，教育幼儿区分物体的各个方面（前面、后面、侧面等）是很重要的。

幼儿空间定位的发展为何建立在对自己身体部位依赖的基础之上呢？对自己身体部位的依赖与该阶段幼儿的认知具有以自我为中心的特点是不无关系的。确定物体的位置时，人经常把周围的物体与自己的坐标相对应。为了确定站在对面的人的左和右，幼儿需要这样做：首先根据自己身体部位确定指定的方向，然后在头脑中转一个180°的弯，站在对面人的立场上来确定该人的左和右。只有在这样做之后，幼儿才可以确定自己位于那个人的左边还是右边。由此可见，在自己身上的定向是出发点。对自己身体部位、对相对于自己和相对于另一客体的物体位置的空间定向在学前时期就已经产生和发展了。幼儿这种发展的标志是从以自己为中心进行空间定向逐步转移到以别的自由运动的物体为中心进行空间定向。

2. 幼儿的视觉和运动分析有重要功能

在幼儿的空间定向发展过程中，运动分析器的作用是十分巨大的。幼儿早期的空间活动以及通过实践运动确定物体位置对建立自我中心的空间体系极为关键。随后对这种依靠逐渐减少，幼儿开始发展对离开自己的物体空间位置的视觉判断，这使他能够更准确地确定物体的位置、对自己和对在任何地点的其他物体的关系。幼儿最早的空间意识离不开感觉运动的协调，随着动作和思维的进一步发展，幼儿对空间方位的辨别和认识也有了进一步的发展。

(二) 幼儿空间定位的过程具有发展特性

幼儿发展空间定位过程和反映这个过程的一般途径是这样的：第一阶段，幼儿的空间知觉是模糊的、未分化的。在这种情况下，他们能够区分出的只是空间关系之外的个别物体。第二阶段，幼儿开始沿着空间三维轴向建立空间知觉。第三阶段，在基本空间方向概念的基础上，幼儿的空间知觉开始沿着基本三维方向分成各个部分，并且分布在前、后、左、右方向上的这些线上的点离幼儿越来越远。第四阶段，幼儿形成空间地域的空间知觉。随着分出的长和宽的部分的扩大和这些点逐渐联合，就形成了统一而连续的、但能区分开的空间地域的一般概念。在这个地域的每一个点都有准确的定位和标示。比如，前边、前面偏左、前面偏右等位置。这时幼儿接近于把空间知觉为它的连续性和离散性的统一的整体。

（三）幼儿的空间方位有特定发展顺序

1. 不同空间方位的发展有先后顺序

不同空间方位发展有特定的先后顺序，顺序是按照上下、前后、左右发展的。幼儿对周围空间方位的辨别有一个先辨别上下，再到前后方位，最后认识左右方位的发展过程，影响这一发展性顺序的主要因素可能有两个，空间方位的复杂性程度和幼儿自身的生活经验。

第一，空间方位的复杂性程度。不同方位辨别的难易有差别，生活经验及前人的一些研究都说明上下方位的区分最为简单，而左右比上下、前后更难于辨识。通常说来，上下的方位是以"天地"为基准确定的，而天地具有永恒不变性，即不会因为位置或方向的改变而发生变化，且上下方位的区别比较明显，因此幼儿比较容易辨认。葛罗贝娃对婴儿空间定向的研究证明，婴儿对于上方物体的稳定的注视比对左右方物体的稳定的注视发展更早。而前后和左右的方位都具有方向性，即它们会随着自身位置的改变而发生变化，如幼儿身体位置转动以后，原来的前面（或左面）就变成了后面（或右面），这自然会给幼儿在辨认方位中带来一定的困难，尤其体现在左右方位的辨别上。因此，一般3岁左右的幼儿基本上能够较好地区分上下的空间方位，他们往往已习惯爬上爬下，让自己的身体站在沙发上面，爬到家具下面等，但在对前后方位的辨别上则表现出一定的局限性，而对于左右方位则更难理解。

第二，幼儿自身的生活经验。在正常情况下，左右辨别最为困难，这已经得到生活经验和实验研究的支持。研究者对后肢损伤且不能行动的幼儿的空间方位能力进行研究发现，他们对于不同方位辨别的发展与正常幼儿不同。

这些运动受损的幼儿对上、下空间方向信号的分化反而比左、右空间信号的分化困难，这是由于缺少上下活动的经验因而限制了上下辨别的发展。

2. 空间方位判断由自我参照系向客体参照系发展

人在空间方位的判断中，一般有两种空间参照系：一是以主体自身身体为参照，去判断客体相对于主体的空间位置关系，称为自我参照系，比如妈妈在我的右边；二是以客体为参照，去判断客体相互之间的空间位置关系，称为客体参照系，比如筷子在碗的右边。幼儿对空间方位的辨认往往要经历一个从以自身为中心逐渐过渡到以客体为中心的发展过程，即由自我参照系向客体参照系发展。特别重要的是，学前幼儿对自己身体部位、对相对于自己和相对于物体的空间定向的不同空间定向阶段的发展顺序是不能互相替换的，它们是在复杂的、辩证的相互关系中同时存在的。这些前面已经谈过，对自己身体部位的定向不只是一个确定的阶段，而且是依据自己和依据客体进行物体的空间定位的必要条件。

自身为中心的方位辨别，也包含了两个发展阶段。幼儿早期对空间方位的认识往往是从与自身相联系的背景开始的，即总是会以自身出发去认识和判别方位，将不同方位与自己身体的一定部位相联系。如自己身体的上面是头，下面有脚；前面是脸，后面是背；拿汤匙的手是右手，扶碗的手是左手等。接着，随着这种方位能力发展，幼儿学会了以自身为中心去判断相对于自己的客体的空间位置。如我的上面有电灯，下面是地板；我的前面是桌子，后面是椅子等。虽然幼儿判别的是客体的空间方位，但这种判断还是建立在幼儿自身出发的参照系基础上的判断，确定的是自身和客体的位置关系，假若离开了自身这个中心点，他们往往就难以辨别方位了。也就是说，幼儿最初的空间认识是与其自身的身体运动相联系的，在空间爬上、爬下、绕行、穿过；站在器材的上面、下面、里面、外面；拿取摆放在其他物品上面、里面的材料；寻找离自己远（近）些的积木、油画棒等活动材料等，随着他们在空间里移动自己的身体，感知并学习空间位置、方向和距离关系。

相对于以自身为中心的方位辨别，以客体为中心的辨别更能够体现幼儿对空间概念的真正获得。因为从客体出发的位置确定反映的是客体与其他客体之间的相互位置关系，它需要幼儿能够摆脱自身的因素，而在一般的、普遍的、抽象的层面上理解位置关系。其中，幼儿以客体为中心掌握左右的方位概念尤其困难。如有小熊和大象两只动物玩具放在幼儿的面前,幼儿对这两个玩具之间左右方位的辨别往往会与自身联系起来,即把它们看成数学情境。

第二节 空间形体的共性发展

物体的各种各样特性中,如果我们只注意一个物体的形状和大小信息,不管它的其他特征信息,通过这种属性的认知加工从而获得对物体的知识被称为几何形体知识。几何形体是对客观物体形状的抽象概括,具有普遍性和典型性。它源于物体却高于物体。物体的形状在几何形体中得到概括地反映。几何形体是对客观事物外部形状的抽象概括的表达,几何形体认知影响着个体对客观世界中的物体做出辨认和区分的能力,同时也是个体的空间知觉能力与初步的空间想象力发展的基础。因此,人们用几何形体作为确定物体研究现实世界中的空间形式,是数学研究对象之一。在数学验证中,几何形体是指点、线、面所构成的几何,它是人们用来确定物体形状的标准形式。几何形体认知是人类认知活动中非常常见的,且是几何空间思维发展的重要组成部分。

一、几何形体的发展过程

(一) 几何形体发展的年龄特征

幼儿在婴儿期就具有分辨所熟悉的物体外形差异的能力。他们见到自己的奶瓶就手舞足蹈,妈妈来了露出笑脸,而见到陌生人会表情紧张甚至啼哭起来。但这种辨别物体外形特征的能力与辨认几何形体不是一回事。幼儿几何形体知识的获得能帮助他们对客观世界中形形色色的物体作出辨认和区分,发展他们的空间知觉能力与初步的空间想象力,从而为小学学习几何形体做些准备。几何形体包括平面图形和立体图形(几何体)。平面图形如正方形、长方形等。立体图形如正方体、长方体等。

通过幼儿几何形体的研究发现,幼儿的几何形体发展受到两方面因素的影响,首先是与幼儿生活经验有关,幼儿是基于日常生活经常接触的形状来认识几何形体,其次与几何形体本身的复杂程度也有关系。认识各种几何形体的先后顺序的特征为先认识平面几何后认识立体几何。在认识平面图形和立体图形的难易顺序时，研究者对比得出较一致的看法，是平面图形，圆形、正方形、三角形、长方形、半圆形、椭圆形和梯形；立体图形，球体、正方体、圆柱体、长方体和圆锥体。

幼儿的平面图形的年龄发展特点表现为以下三个阶段。

1. 平面图形的配对

3~4岁，对平面图形有较好的配对能力，对圆形、正方形和三角形达到正确认识的水平，比如能正确配对、指认和命名，并按照这些图形找出周围环境中相应的物品。

2. 平面图形的认识拓宽

4~5岁，幼儿认识平面图形的能力进一步发展，正确认识平面图形的范围扩展到半圆形、长方形、椭圆形和梯形，并且能理解平面图形的基本特征，利用图形中角和边的数量对图形作出区分，能做到图形守恒。识别不同环境中的图形并且能理解平面图形之间的简单关系，表现为能对他们所认识的图形进行分、合、拆、拼的转换。对使用平面图形拼搭物体表现出很高的积极性和一定的创造性。

3. 图形关系的理解

5~6岁，进一步理解图形之间的关系，首先是理解图形之间较复杂的组合关系。图形之间关系能表现为一个图形可以由几个同样或不同的图形组合拼成；也有部分幼儿可以在一定抽象的水平上概括和理解图形之间的关系。如正方形、长方形、梯形、菱形、平行四边形等，可以概括为四边形，因为这图形都有4个角和4条边。这种从图形的基本特征出发，以一个更广泛的名称来概括一些图形的名称，使幼儿对图形的认知逐步系统化，并发展了他们的初步抽象思维能力。其次是能认识一些基本的立体图形，对球体、圆柱体、正方体、长方体，能正确的命名并知道它们的基本特征。

（二）几何形体与空间语言

幼儿认识几何形体在心理上是对图形的知觉，它属于空间知觉的范畴。从幼儿感知几何形体的外部形状到能用相应的词予以表达，其中有个发展过程。以平面图形为材料，对幼儿的配对、指认和命名能力进行研究。配对是指找出与给定的范例图形相同的图形，指认是按成人口述的图形名称，找出

（指出）相应的图形，命名是说出给定图形的名称。结果发现，幼儿图形配对的正确率最高，指认次之，命名最低。这可能反映了不同任务所需的空间形体知识的不同。研究者认为幼儿的图形发展需经过配对、指认、命名的过程。经过这一过程幼儿达到初步认识图形的目的，能够说出几何图形的名称，即对图形进行命名。

图形配对可以完全依据直观进行，即使不知道该图形的名称，仍可通过对图形的直接感知和模仿，找出相同的几何图形，这是对几何图形的感知问题，是一种感性积累和认识几何图形的前奏。指认是对形状知觉与相应词汇建立联系，要依据说出的词而不是直观图形，引起相应的图形表象才能作出正确选择。对图形命名，是用抽象的词来称呼相应的图形，它是在图形感知与相应词汇之间联系的基础上，用积极的词汇来表示图形，所以命名是初步认识某种图形过程的完成。几何图形认识的这一发展过程，不仅可作为认识图形的三种形式，而且也可作为幼儿认识几何图形逐步提高的一种具体要求。图形的感知与词的联系是从对图形本身的认识发展过程来观察，未涉及图形与客观物体的联系。

（三）几何形体与实物形状

有国外资料从幼儿对几何形体的认识与客观世界中物体形状的联系方面，说明幼儿对几何形体认识的发展过程。这一过程是几何形体与实物等同、几何形体与实物作比较、几何形体作为区分物体形状的标准。

第一，等同阶段。几何形体与实物等同是将几何形体理解为日常的玩具或物体，并按照他们所熟悉的物体名称命名几何形体。如圆形叫作"太阳""皮球"；正方形叫作"手绢"；三角形称为"红领巾"；称圆柱体为"茶杯""管子"；长方形叫作"鱼缸""火柴盒"等。这种将几何形体与物体相混淆的现象，实际上反映了幼儿尚未完全认识有关形体，还没有达到正确指认和命名有关形体的水平。

第二，比较阶段。几何形体与实物作比较是不再以物体名称来命名几何形体，而是将形体作为比拟物体的依据。如圆形像"盘子"；三角形像"红领巾"。这种比较性的称呼是在幼儿正确认识和掌握了几何形体名称的基础上发展起来的，而且是从形体出发对照实物形状作出比较的结果。

第三，标准阶段。几何形体作为区分实物形状的标准，是幼儿能将几何形体作为样板（标准），按照它来区分或选择物体。如说出大盘子、小碟子是圆形的；皮球、苹果是球体等，或者按照形体选择出相应的物体。这时幼儿是从客观物体出发，以几何形体为标准，确定物体的形状，既不是混同也不是比拟，是在几何形体与实物之间建立起既有区别又有密切联系的灵活关系，从而能将有关形体的知识运用到实际生活中。

二、几何形体的发展规律

（一）幼儿的视觉和触觉分析有重要功能

幼儿认识几何形体需通过视觉和触觉的联合活动，并且伴随空间语言的发展，才能达到对形体的充分感知。了解幼儿这方面的发展，有益于改进幼儿认识形体的教学方法。国外研究资料说明，幼儿运用视觉和触觉感知形体的方法也有一个发展过程，表现出一定的特点。

视觉方面，幼儿对几何形体的感知经历一个由粗糙到精细、局部到整体的发展过程。首先，3岁幼儿用视觉感知形体时往往是匆忙的，他们常常只草率地看一眼，因而难于分辨一些相似的形状，如正方形与长方形，圆形与椭圆形，或只注意到形体的某一个别特点，如说三角形是"有尖的"。4岁幼儿认识形体时的眼睛运动只注意到图形的内部，好像在观察图形的大小。5~6岁幼儿眼睛则能沿着图形的外部轮廓运动，所以能注意到图形的典型部分，比如角和边，从而获得对图形的确切感知。

触觉方面，幼儿对几何形体的感知经历一个由局部感知到整体感知的发展过程。3岁幼儿触摸形体时，手的动作只是去抓握物体而不是抚摸。4岁幼儿则用一只手掌和手指的根部触摸，指尖不参加触摸过程。5~6岁幼儿开始时会用两只手触摸物体，两只手可以朝相向或相反方向运动，最后达到用指尖连续地触摸感知形体的整个轮廓，从而获得对形体比较完整的感知。

（二）几何形体发展和变化的规律性

幼儿对空间形体知识的加工表现出特定的规律性，表现为从拓扑几何到欧式几何、从局部加工到整体加工、从具体加工到抽象加工。

第一，从拓扑几何到欧氏几何。人类对环境中客体的空间知觉始于物体识别过程，个体在婴幼儿时期就产生了关于物体的概念，首先从生活经验、从具体而熟悉的物体开始认识物体的形状。这种基于视觉对物体的形状进行识别，经过了从拓扑图形到欧氏图形的图形识别过程。如婴儿可以根据瓶子的形状认出他的奶瓶，幼儿可认出他们所熟悉的玩具等，所以幼儿认识几何形体、形成几何形体概念是从认识熟悉的物体开始的。这种最初对形体的认识是属于拓扑性质的。他们眼中的圆形、正方形、三角形与成人眼中的有所不同。通过绘画分析，幼儿在3、4岁画出的圆形、正方形、三角形都似形。换句话说，幼儿眼中的圆形、正方形、三角形看起来很相似，是同一种类型的形状，幼儿基于拓扑性质认识了物体的形状。

由于只有欧式几何才会进行曲线和直线的区分，在拓扑几何中没有这种线性和非线性的区分，这种幼儿对物体形状的加工特点提示，幼儿在区分圆形、三角形之前就已能区分开放图形和封闭图形了，同时这也意味着人类对物体形状的知觉中，先获得物体的拓扑几何属性，在此基础上形成欧式几何属性，个体对几何形体的认识是从拓扑几何向欧氏几何过渡的。随后，在认识拓扑图形和进行拓扑性质活动的基础上，借助于日常熟悉的物体，如皮球、铅笔、手帕、饼干等来认识几何图形，是从一般的笼统认识到对各形体的细节认识，在拓扑概念基础上探索再认识各种欧氏图形，先区分曲线与直线图形（如区分圆形和正方形），才能够对曲线图形（球形）和直线图形进行区分。

第二，从局部加工到整体加工。个体对物体的几何形状的认知，不仅是单纯依靠视觉感知过程完成，还需通过视觉和触觉的联合活动以及空间语言表达实现。这种不同感觉分析器的协同活动使个体获得准确的形体知觉，表现出一个局部到整体、粗略到精细的加工过程。他们能够通过视觉和触觉运动感知形体，但形体感知最初是较低水平的、关注于图形的部分或个别属性。例如，3岁左右的幼儿早期，他们对物体的视觉扫视是非常快速且草率地，他们手的动作也仅仅是抓握物体，不能够用手掌和手指前部表面进行触摸物体，由于感知分析器发展水平是初级、简单的，导致他们只能够注意到图形的某一个部分或者个别的特点。而5岁的幼儿开始逐渐沿着图形的外轮廓运动，并且注意到图形的典型部分，同时能够两手相向或相反触摸物体、用指尖触摸整个形体的轮廓，这种感知分析器的发展和协同确保了这个水平的幼儿能够对形体的确切感知。总之幼儿对几何形体的感知和辨认，不仅需要动作形象及语言符号的多种表征形式，同时其多种分析器的协同参与活动也存在着一个逐渐发展的过程。

第三，从具体加工到抽象加工。幼儿开始认识形体时，往往受图形大小、摆放形式的影响，受标准图形中所呈示图形的个别特征影响而导致不能识别图形的本质特征。如幼儿能辨别标准的等边三角形是三角形，但有的幼儿却不能辨认出倾斜或者变形的三角形，其原因正是抽象能力较差，没有意识到变形之后的三角形也是三角形。对幼儿的形状辨认能力作调查研究，发现学龄前幼儿在图形辨认活动中，成功率最高的是配对活动、其次是指认活动、最后为命名活动。这个研究表明，幼儿早期对于借助抽象的词来称呼相应的图形尚有一定的困难。正是由于幼儿在感知认识形体过程中抽象能力较差，所以在其发展过程中开始往往会把几何形体与实物等同起来，以后才逐渐过渡到把几何形体与实物作比较，直至最后才能把几何形体作为区分物体形状的标准。随着幼儿年龄的增长，抽象能力也逐步得以发展和提高。

第三节 空间语言的共性发展

全美数学教师协会（NCTM）在 2000 年颁布的《早期幼儿数学学习标准》中有关空间关系的认识明确提出了"幼儿应当学会描述、命名和解释空间的相对位置并应用相对位置的概念"的要求，我国 2012 年底颁布的《3~6 岁幼儿学习与发展指南》对数学认知的空间部分也明确指出，"能感知物体基本的空间位置与方位，理解上下、前后、里外等方位词，并能使用上下、前后、里外、中间、旁边等方位词描述物体的位置和运动方向"。由此可见，在空间方位的学习中，应用一定的方位词描述空间位置是一个基本要求。3~6 岁幼儿数学思维的发展具有一个从动作思维逐渐向抽象思维（语言表征）过渡的过程，准确地运用方位词进行交流与表征并不是一件容易的事，尤其是对于幼儿早期来说。

对于进入学龄期后的学生来说，空间方位和空间几何的学习也更加依赖于空间语言的运用。在我国 2022 年版《义务教育数学课程标准》中也指出，"数学的核心素养要求学生通过数学的眼光，可以从现实世界的客观现象中发现数量关系与空间形式，提出有意义的数学问题""这种数学眼光包括了几何直观和空间观念""几何直观主要是指运用图表描述和分析问题的意识与习惯。能够感知各种几何图形及其组成元素，依据图形的特征进行分类；根据语言描述画出相应的图形，分析图形的性质；建立形与数的联系，构建数学问题的直观模型；利用图表分析实际情境与数学问题，探索解决问题的思路。几何直观有助于把握问题的本质，明晰思维的路径""空间观念主要是指对空间物体或图形的形状、大小及位置关系的认识。能够根据物体特征抽象出几何图形，根据几何图形想象出所描述的实际物体；想象并表达物体的空间方位和相互之间的位置关系；感知并描述图形的运动和变化规律。空间观念有助于理解现实生活中空间物体的形态与结构，是形成空间想象力的经验基础"。可以看出在义务教育阶段关注学生的数学素养中，能够"根据语言描述画出相应的图形，分析图形的性质"并且"想象并表达物体的空间方位和相互之间的位置关系"这些都要求对空间图形和空间方位进行语言描述、性质分析和想象表达。

一、空间语言的发展过程

有关幼儿左右概念发展的实验结果发现，各类测验题的年龄上相差不超过1岁。幼儿左右概念的发展是和幼儿思维发展的一般趋势：首先直觉行动思维，再具体形象思维，最后抽象逻辑思维的过程相符合的。幼儿约从5岁起才开始能最初地并且固定化地辨识自己的左右方位，而真正掌握具有相对性和灵活性的左右概念，大约要到10岁才有可能。幼儿左右概念的发展，经过三个大的阶段，而每一个大的阶段，又包含若干小的阶段。

(一) 空间概念与空间参照系

空间概念的发展受到空间参照系形成顺序的影响，首先空间概念是与以自我为中心的自我参照系联系在一起的。在5~7岁，儿童比较固定化地辨识自己的左右方位阶段。5岁幼儿有些还完全不能辨别自己的左右方位，但大多数已开始能正确地把自己的左右方位和词联系起来，从而产生了最初的左右概念。但是这种最初的左右概念带有很大的具体性和固定性。这一阶段幼儿往往只能辨别自己的左右方位，而不能辨别对面人的左右方位，或者不能把自己手脚的左右关系运用到物体的左右关系上。大部分儿童需要到7岁才能辨别他人的左右方位。

空间概念以自我为中心的自我参照系逐渐发展到以客体为中心的空间参照系的转折点是7岁左右。在7~9岁，儿童能够初步地、具体地掌握左右方位。在这个阶段幼儿开始不仅能以自己的身体为基准辨别左右方位，而且也能以别人的身体为基准辨别左右方位。同时，不仅能辨别自己或别人的身体的左右方位，而且能辨别两个物体间的左右方位关系。这就是说，7~9岁幼儿已经初步地掌握了左右方位的相对性。但是，实验也证明8岁以前的幼儿（甚至有些9岁的）在辨别两个物体的左右方位时，常常还是有错误的，他们或者只按自己的方位来判断物体的左右关系，或者只按主试者的左右方位来判断物体的左右关系。而在进行左右方位关系判断时，常常需要依靠具体感知或表象。例如，有的幼儿要摆动身体或有手部动作。又如，有一被试者判断两个物体的左右关系时说："因为这在左手边。"可见，这种相对性的掌握，只是初步的、具体的，还不是很概括的、很灵活的。

(二) 空间概念与抽象思维

约在11岁，儿童能够形成比较概括的、灵活的左右概念。在这个阶段，幼儿能自信地、迅速地判断三个物体之间的左右关系，无论是按着自己的方向，还是按着主试者的方向来判断。这就是说，11岁幼儿已经能够在抽象概括水平上，不需要具体感知或表象的支持，就完全掌握左右概念的相对性和灵活性。研究者也发现，有些幼儿对于判断中间物体与两边物体的左右关系是比较困难的，他们的错误比较多，反应也比较慢。例如，刀子既是在橡皮的左边，又是在铅笔的右边，将实验中的观察者换了方向以后，这三个空间方位关系就随之变了。幼儿的回答有一些表面上似乎不错，但实际上是绝对化、固定化的回答，如有的说："橡皮在中间。"有的说："橡皮在右边。"这都说明幼儿在判断这些复杂的左右关系时，具体性和概括性、固定性和灵活性还处在矛盾斗争中。

二、空间语言的发展规律

(一) 空间概念的获得表现出年龄特征

左右概念是儿童空间概念发展的一个关键节点，左右概念是一种反映事物之间关系的具有明显的相对性和灵活性的概念。幼儿掌握左右概念的实验研究，使我们可以清楚地看到，左右概念的发展是一个和年龄发展相联系的、具有一定规律性的变化过程。同时，这个变化过程也在一定程度上体现着幼儿思维或智力发展的一般趋势。

首先，幼儿左右概念在发展阶段上大体趋于一致，表现出一定年龄阶段性和规律性的变化过程。有规律地经过三个阶段：第一阶段幼儿比较固定化地辨识自己的左右方位（5~7岁）。第二阶段幼儿初步地、具体地掌握左右方位的相对性（7~9岁）。第三阶段幼儿比较概括地、灵活地掌握左右概念（9~11岁）。

其次，幼儿心理年龄特征的稳定性和可变性问题。关于这个幼儿心理年龄发展问题进行的三次实验研究，由不同研究者在不同研究时间和社会文化条件下完成，但所得实验结果却显著接近。这足以说明幼儿心理年龄特征是有其相对稳定性的。但是，我们也看到其中的一些差异，因为三个实验中的实验变量总不能是绝对相同的。为了理解幼儿心理年龄特征的稳定性和可变性问题，幼儿心理发展上智力和经验的相互关系，研究者对实验变量和实验差异进行探究，求出年龄特征可变性的条件方面的根源是非常必要的。

(二) 空间概念的发展伴随着元认知的发展

幼儿判断事物的左右关系时，对"判断依据"的意识程度和正确程度随着年龄发展。具体表现为5岁幼儿还不能说出判断的依据；6~7岁幼儿虽然能说出一些依据，但多是具体的；而9~10岁幼儿则一般能概括而正确地说出判断的依据。这也反映了个体元认知的发展规律，相比概念的获得更困难。

(三) 空间概念发展符合能力发展的一般趋势

左右概念的发展，在一定程度上体现出幼儿思维或智力发展的一般趋势。从幼儿左右概念发展的过程和规律上也可以看到幼儿思维发展的一般趋势，它是和幼儿思维发展的一般过程和规律相符合的。在个体心理发展史上，幼儿最初是没有思维的，他只有感知觉和动作，在经验积累和言语掌握的条件下，才逐步出现了最初的思维形态——直觉行动思维。以后逐步过渡到具体形象思维。5岁的学前幼儿正处在从直觉行动思维向具体形象思维的过渡。这时，他只能凭借动作、感知和表象进行思维。而直觉行动思维和具体形象思维的最大特点就是它的直观性（情境性）和固定性（不灵活性）。5~6岁幼儿只能辨别自己的左右方位，而不能辨别对面人的左右方位，从这里可以得到解释。在正常条件下，学前大班幼儿（6~7岁）到10~11岁的小学幼儿，正处在从具体形象思维向初步抽象逻辑思维的过渡，因而思维的直观性和固定性相对减少，而概括性和灵活性逐步增多。这也就是为什么10、11岁幼儿能够从初步地、具体地掌握左右方位相对性逐步发展到能够比较概括地、灵活地掌握左右方位相对性的主要原因。

　　虽然皮亚杰的实验结果是正确的,但解释结果的理论却是需要引起重新审视和思考。他认为5~8岁幼儿的思维特点是自我中心主义,只能用自己的观点,绝对化地去判断事物的关系。随着幼儿社会化思维的发展,幼儿才逐步能同时用另一个人甚至用许多人的观点来判断事物的关系。关于自我中心主义的理论,把7~8岁以前幼儿的思维看成是非社会性的,明显也是一种没有根据的非科学的观点。现在的研究者们通过关注儿童的能力,找到了越来越能证明学前儿童已达到了令人惊讶的能力水平的证据。这些研究表明,在某些方面,皮亚杰低估了儿童的能力。

第五章　空间能力的发展差异

人类的空间能力发展过程不仅有共性的规律，还存在特异性的表现。空间能力的一个重要议题涉及空间认知发展的个体差异。研究者一直对详尽地说明个体能力的标准化发展有着浓厚兴趣，但是不可忽视的一个现象是人类空间能力的发展和形成在不同个体之间表现出极大的变异，这种变异因何而来？有何表现？我们如何利用这些研究更好地服务于人类生活？这都属于本章有关空间能力发展差异的研究。

第一节　空间能力发展的个体差异

一、空间能力发展的影响因素

考虑到空间能力发展的研究中存在先天论和建构论的争议，结合不同理论研究者的研究成果，本部分将空间能力形成与发展的影响因素概括为生物、环境、空间、个体四个方面，下面依次介绍。

（一）生物

所谓生物指的是个体的生物特性对空间能力发展的影响，比如遗传基因、年龄和性别。性别因素对空间能力的影响是一个非常复杂的作用系统，常常与其他因素共同影响空间能力的发展和变异，因此将在后文有关性别差异这一部分做详细探讨。本部分先详细介绍遗传和年龄因素对空间能力发展的影响。

遗传基因指的是人体细胞所具有的染色体及其组成单位基因，通过亲代和子代之间的遗传物质，个体具有了某种生物特性，这种遗传物质发育的结果将最终决定个体的生物特性。个体的生物形状作为一种客观存在，是空间能力形成和发展的自然前提和基础，直接影响空间能力形成与发展的速度和水平。但是遗传仅仅为人的发展提供可能性，没有一定的后天和教育环境的影响，良好的遗传因素并不一定使人的空间能力得到继承和发展。

年龄因素对空间能力发展的影响表现是随着年龄的增长，个体的神经发育成熟，整合环境信息进行空间编码的能力逐渐发展，个体的空间经验得到积累，使得个体在各项活动的空间表现成绩提高。在婴幼儿空间能力发展的过程中存在特定的敏感时期，敏感期是一段特殊并且有限的时期。敏感期通常发生在儿童生命的早期，在这一段时间，儿童对环境的影响或刺激特别敏感，敏感期可能与大脑的构造有关。敏感期引起研究者和教育者的广泛关注。其中一个重要的观点认为，除非在敏感期让婴幼儿接受一定水平的环境刺激，否则婴幼儿的能力就会受损或无法发展出来，并且此后永远也无法完全弥补这些能力。如果真是这样的话，那么事后对这些儿童提供的干预将很难获得成效。

在神经发育过程中，如果个体因为脑发育异常或其他脑疾病损伤了与空间能力相关的脑区，个体的空间能力将会受到影响，比如空间失认症。空间失认症是一种常见的视觉失认症。视觉失认症是指患者能够看到物体但不能够通过视觉来辨认，或辨认不清楚他不久以前无任何困难就能辨认的事物，尽管患者的视力、推理能力都毫无改变。患者对熟悉的场所，他周围的事物，甚至他的亲人以及对颜色的鉴别都变得困难甚至不可能。视觉空间失认症即特指其中的部分患者对场所、空间等难以辨认的现象。比如病人由于大脑旁海马体的损伤，尽管可以识别单个突出的客体，能够进行空间区分，但对于没有突出客体的场景如浴室不能识别，因为这些场景只能基于空间拓扑几何性来识别。

（二）环境

所谓环境，指外在于个体的与活动相关的各种条件。个体能力的形成和发展不仅受到先天遗传因素的影响，还受到后天环境的影响和制约。即使个体先天具有良好的遗传因素，但是如果缺乏相应的后天教育环境，个体能力的形成和发展也会受到极大的制约。依据条件的性质与作用可以将影响能力形成和发展的环境分为自然环境和社会环境。

自然环境是指人类生活所处的地域条件、气候条件等。比如研究者探讨了南方和北方不同地域中成长的大学生在非语言的空间任务表现。结果表明，进行非语言的空间位置判断中,南方大学生和北方大学生所使用的空间参照系显著不同。南方大学生更多使用相对参照系,即以观察者自身为中心的前、后、左、右方位来进行判断。而北方大学生更多以太阳方位、地球磁场为参照物的东、南、西、北方位来进行判断,使用绝对参照系。这种在空间操作任务上所使用的参考系存在显著差异的现象,研究者认为这可能与南方大学生更多地使用以观察者为中心的相对参考框架(前、后、左、右),北方大学生更多地使用以太阳升落和地球磁场为参照的绝对参考框架(东、西、南、北)有关,说明生存的自然环境对人类空间能力有影响。

社会环境条件按其性质不同,可分为经济环境、政治环境与文化教育环境;按其社会文化的教育功能不同,可以分为家庭环境、学校环境和社会环境等。家庭环境、学校环境和社会环境对个体能力的形成和发展都具有教育功能,但是不同的教育环境对人的能力形成和发展有着不同的影响。研究表明,相较于在丰富教育环境中长大的婴幼儿,在严重受限教育环境中长大的个体更易表现出大脑结构和重量的差异,这说明婴幼儿在环境中受到的各种感觉和教育经验会影响单个神经元的大小和神经元相互联系的结构。通过具体分析和探讨各种类型的教育环境对能力的影响,有利于营造相应的教育环境为能力的培养创造条件。而教育环境是能力形成和发展中重要的,甚至在一定条件下,还可能成为能力发展过程中第一位、决定性的因素。研究者在对4~5年级学生的空间表征和几何能力的相关性研究中发现,就空间测验的总成绩而言,无论是对四、五年级分别考察还是一起考察,空间成绩与几何成绩之间的相关性显著。学生的空间成绩高,几何成绩也不低,而如果学生的空间成绩低,几何成绩也不高。这些结果,不仅揭示了学生的空间能力和几何成绩有一定的相关性,并且表明空间能力的提高一定程度上有助于提升学生在学校教育中的学业表现。

(三) 空间活动

个体空间能力的形成和发展,其所处的环境条件并不能孤立发挥作用。这是因为人类不是消极被动地承受环境的客体,个体通过与环境中的各种信息交互作用而积累空间经验。环境的影响必须通过作用于个体的空间活动过程,才能对个体空间能力的形成产生影响。因此空间活动对个体能力的形成和发展也具有重要作用。

空间活动的作用主要表现在三个方面。首先，空间活动是个体空间能力形成和发展的基础。个体的空间经验获得来源于个体的空间活动，是其在不同活动中的产物。没有个体所参与的空间活动，也就不可能有个体对空间经验知识的习得，更谈不上在此基础上的经验迁移，因此空间活动是个体空间能力形成和发展的基础。其次，空间活动还对个体空间能力形成和发展的水平提出客观要求。个体的空间能力表现出对各种活动过程和效果的调节作用，直接影响了个体的日常生活表现。因为个体所获得的空间经验和空间技能是其适应复杂多变的社会环境的工具，所以空间能力的产生是人类各种生活实践活动的客观要求。最后，空间活动能够评估个体空间能力发展的水平。由于人类空间能力是一种内在的经验结构，无法通过直接观察而判断其发展水平，因此对于教育者，只有通过空间活动才能判断、干预和促进个体空间能力的发展。人类空间能力是一种内在的人脑对空间任务和活动的调节机制，空间能力的存在状态也必须通过空间活动才能得到体现，因而活动也就成为了解这些内在心理机制（或者经验结构）的客观表征。

（四）个体的主观能动性

从辩证唯物主义角度来看，个体空间能力的发生和变化都离不开主体和客体的交互作用。作为人空间能力的经验结构不是仅仅靠环境的影响就可以简单塑造的，必须是在个体的空间活动中，在主体和客体相互作用的基础上，通过人脑对客观现实的能动反映而产生的。在这个主体与客体交互作用的过程中，人类的主观能动性对空间能力的形成非常重要。个体主观能动性对空间能力形成和发展的影响集中表现在个人的努力和勤奋上，在各种空间活动中表现出主体主动性和积极性。作为空间能力要素的经验结构是一种类化的空间经验和知识结构，是个体将不同空间任务和活动中的经验分门别类归入不同的空间系统，纳入概括性更高、包容性更大的整合过程，这种经验的整合过程是个体对经验在概括化的基础上实现的类化过程。在这个整合过程中，需要个体在活动中不断获得经验，并通过包括比较、分类、归纳、概括、判断、分析和综合等一系列复杂的思维过程来积累经验。并且在活动中迁移和整合构建，这需要主体付出巨大的努力和坚持不懈的意志力才能完成。个体在空间活动中的动力状态不同，对空间活动的目的和认识不同，在活动中成效就有区别。个体具有坚强而持久的动机，能够使活动得以持续不断地

二、个体差异

(一) 个体差异的概述

由于个体自身遗传、所处的环境、经历的空间活动和主观能动性的不同,个体空间能力的发展表现出巨大的个体差异,但是这种个体差异的研究却被忽视。个体差异是否真的存在呢?一方面,就理论和科学发展的研究需要而言,研究者对空间能力的共性发展表现出极大的热情,对个体空间能力的发展表现出一定的忽视。尽管分析研究大量儿童的空间能力发展发现,出现在幼儿期的个体差异在整个童年期和青少年期有逐渐扩大的趋势,但空间能力的个体差异仍然没有引起研究者的需要和兴趣。另一方面,就教育和社会发展的现实需要而言,尽管研究者发现儿童早期的空间认知差异可以预测他们未来在不同职业上的兴趣和成功可能性,像工程、制图、飞行驾驶、手术、计算机科学、数学和物理科学领域。这些领域的人才出现依赖个体空间能力高度发展,但如何在早期就发现和培养那些具有空间潜能的学生成为一个实践难题。这种理论科学研究和社会现实发展需要之间的矛盾需要我们去理解在空间能力发展过程中真实的个体差异是否存在,如何存在。如何应对这种差异提高学生的空间能力成为个体差异研究的价值所在。

因此有必要对以往研究中,不同个体在空间能力表现的差异进行梳理和归纳。这种梳理和归纳研究的目的是:首先能够发现空间能力的个体差异是否存在,如果这些真的存在,能够引起研究者的关注;发现这些空间能力的个体差异在哪些方面有所表现,如果这些差异真的重要,能够找到研究的突破点,从而能够找到空间能力的个体差异研究方法,如果这些科学方法真的可行,能够成为教育干预的依据。因此,下文将先对空间能力的个体差异的表现进行分析和论证。

(二) 个体差异的表现

1. 空间能力发展的整体水平差异

个体的空间能力水平有高低的差异,在人群中这种空间能力水平的高低差异表现为正态分布的特性:两头小,中间大。也就是空间能力高度发展和落后发展的个体在人群都只有少数,空间能力高度发展的个体被称为超常或天才，而空间能力发展低于一般人的水平叫低下或落后。而空间能力在中间水平的人群占据了大比例，这部分人群的空间能力也有不同的层次。

这种空间能力的差异主要通过心理测量结果来进行评定。空间能力测试和其他能力测试一样都是建立在常模的基础之上的。这个常模类似于一个标尺，对个体的空间能力测试结果就是将测试个体的能力水平和总体的平均能力水平之间进行比较从而进行评估。常模代表了特定年龄段大样本儿童的平均表现，用于将某个儿童在特定行为上的表现与常模样本中儿童的平均表现进行比较，是评定某些特定能力或心理特质的标准化工具。尽管像一些智力测试或者空间能力测试的行为评估量表这种等级量表在研究中常常被试用，量表提供的常模在从整体上归纳各种行为和技能出现的时间点上很有用，但在解释时需要非常小心，因为常模代表的是平均水平，它掩盖了儿童在获得不同发展成就的时间点上存在的巨大个体差异。然而这个量表使用的前提就是大部分人在某个空间能力的发展是几乎或者近似同步的，事实上这种发展的同步性存在巨大的争议，不同个体甚至是群体的空间能力发展时间的差异是巨大的。

2. 空间能力发展的时间差异

个体空间能力的发展有早有晚，有些人空间能力相关的成就早熟，在很小的时候就崭露头角。也有的人表现出在前期发展很慢但后来居上，成功后得到了高水平的发展，属于大器晚成。以与空间能力密切相关的绘画艺术为例，所有的绘画艺术都涉及创作者自身内在的对构图造型的经验和创作。我国的绘画艺术家中，年少成名如北宋的王希孟，大器晚成如近现代的齐白石。王希孟的代表作品是《千里江山图》，堪称北宋宫廷画院青绿山水的扛鼎之作，至今在青绿山水的创作史上，也可谓无出其右者。而恰恰是这样一件如此珍贵、如此高水平的作品，竟是王希孟在年仅 18 岁时创作完成的。而齐白石是中国多才多艺的艺术家，1953 年被文化部授予人民艺术家称号，也曾入选世界文化名人。齐白石画虾堪称画坛一绝，通过毕生的观察，力求深入表现虾的形神特征。他却是一位大器晚成者，从小家境贫困，几乎没读过什么书。先天并不好的齐白石，最终能大器晚成的主要秘诀之一是"勤奋"。

空间能力表现早晚的差异与空间能力所需的认知结构不同有关。研究发现，在心理旋转任务中，个体差异较大，而在空间感知方面，个体间的差异较小。这可能与不同空间活动所需的认知结构的差异有关。尽管人群中空间能力处于中等水平的居多，但这并不意味着个体在不同空间活动中的表现就相差不多，生活中不同个体在不同空间活动的表现差异极大。这是因为即使个体间空间能力的总体水平相差不大，但个体因为空间能力构成中的优势成分不同，使得在解决问题时的手段和途径有所差异，活动表现有巨大的差异，这就是空间能力结构差异的表现。

3. 空间能力发展的性别差异

长久以来人们已清楚地认识到，当我们思考成年男女在空间能力的性别差异时会发现，在许多空间测验上，男性有着很大的优势，女性的表现相对弱。这与人们的生活经验相符。很多人仅仅简单地认为男性的空间能力优于女性的空间能力，事实上，性别差异的情况要复杂很多。这些性别差异往往与其他一些因素共同造成了男女在性别上的差异，主要表现在两个方面。

第一，性别差异与活动类型有关。一般而言女孩空间言语能力高于男孩，而在空间操作能力上低于男孩。性别差异在不同类型的空间能力有所不同。特别是在心理旋转测验和空间知觉测验中，男性明显优于女性；而在空间想象力测验中，男女性别差别不显著。同时就差异的大小在不同空间认知能力中也有所不同。就不同空间活动而言，性别差异的大小和影响强度也是不同。空间技能方面的性别差异，尤其是在心理旋转上的性别差异，是我们所了解到的最大性别差异之一。一些空间测验中，要求测试对象一边对分心线索不予理睬一边界定一条水平线或垂直线，男性的表现要好于女性，这可能与个体对无关的空间信息进行抑制的能力有关。最近有研究表明，相比于女性，男性在空间巡航活动中能够比较熟练地使用有关距离和方向的几何信息，也比较擅长于通过使用地图来获得地理知识。但是同时也有研究采用同样的研究范式并未发现男女的性别差异。这可能与不同实验中的测试群体所采用的策略不同有关。

第二，性别差异与年龄有关。不同研究者有关性别差异与年龄的关系往往是不统一的。研究者关注性别差异伴随年龄增长所发生的变化方向，具体包括男性和女性在空间能力测试表现出差异的最早年龄，以及这种性别差异表现在哪些空间认知成分，以及这种差异伴随着年龄增长是变大还是消失了。从发展的角度而言，关于最早出现性别差异的时间这个问题，有研究认为性别差异最早出现的年龄可能是在4岁。但也有其他研究发现，仅在9岁或10岁左右时才出现有性别差异的明显证据。关于性别差异对年龄增长的变化趋势，分析一致表明性别差异在整个童年期和青少年期有逐渐扩大的趋势。而某些测验发现个体经过一段发展历史时期之后，这类差异会逐渐缩小。然而也有研究认为，就心理旋转的空间认知能力而言，性别差异会保持原有的水平，甚至还会随着年龄增加而增大。男性不仅表现出较高的平均值，而且通常也表现出较大的变异性，这进一步扩大了男性在一个非常高的操作水平上所占据的优势。然而，使用现有的评估工具是很难处理最早出现的年龄和发展历程这一问题的。采用新的评估工具或者基于新的理论、新的研究方法来探索空间能力的内在认知成分的发展过程，对于回答这些问题可能会非常有帮助。

4. 空间能力的策略差异

一方面，尽管婴儿表现出某些特定空间能力的年龄存在着轻微的差异。比如，婴儿能够找到一个隐藏的物体。但是这种变异相当小而且通常可以忽略不计，部分原因是因为所有正常发育的儿童最终都能获得这种技能。但是在寻找这个隐藏物体的过程中值得注意的是，不同的婴儿用于寻找物体、搜索物体所在空间位置的可能性所使用的策略是有所不同。另一方面，某些对生物适应可能起着非常重要作用的空间能力表现出相当大的个体差异。例如，心理旋转的速度和有效性就显示出了很大的个体差异，同样地在这种个体差异的背后发现个体所使用的策略也不同。然而，心理旋转在进化中是有生物适应功能的，为什么具有生物适应功能的空间能力会显示出显著的个体差异呢？对于出现在空间任务完成过程中年龄和性别差异的不同，策略差异一直起着重要的作用却未曾得到足够的重视，策略差异如何影响了个体空间能力在年龄和性别中所产生的差异，这一问题还没有一个明确的答案。

策略差异出现的原因可能很多，不同的个体空间参照系策略研究中，个体究竟选择哪种空间策略受到空间任务场景大小、任务难度、被试个体差异、任务预期、信息编码等因素的影响。主要有以下两大类：第一，空间能力的测试任务类型和测量工具。空间能力包括不同的空间认知能力，所以不同的实验场景和实验范式用于测量空间任务。从二维空间能力测试发展到三维空间能力测试，二维空间测试中的心理旋转测验包含了四种变式。在讨论空间能力时，需要划分不同的空间尺度，因为不同的空间尺度所涉及的空间能力是不同的。目前空间认知研究主要涉及三类空间尺度，图形大小的小尺度，房间大小的中尺度，以及个体一眼无法看完，需要移动整合的大尺度。

比如在空间巡航范围较小的测试环境时，巡航者采取反应学习和位置学习两种策略即可完成巡航，即采用刺激—反应或者依靠周围环境的边界线索来学习空间环境；在空间范围较大的测试环境中，将更多采用路线测量和地图策略。尽管可能在小尺度空间环境和大尺度空间环境的策略不同，但是两种尺度下可选择的空间参照系本质其实一致，即自我参照系策略和客体参照系策略。自我参照系策略在小尺度空间环境和大尺度空间环境中表现为反应策略和路线策略，而客体参照系策略在小尺度空间环境和大尺度空间环境中表现为位置策略和地图策略。第二，空间能力的内在信息编码方式。根据人与外界信息交互的模式，研究者常常将人类在空间运动中所依赖的空间线索来源分为两类：外界环境信息和内在本体感觉信息，其中视觉、听觉、嗅觉和触觉等感觉器官接受输入的外界环境信息，而本体感觉接受来自自身运动提供的内部运动反馈信息。在真实空间活动中，个体对不同感觉通道输入的外部环境信息可以进一步按照其知觉特性分为两类，几何属性的信息和非几何属性的信息，研究者常常称为几何信息和特征信息。这四类信息在活动中可能同时出现，也可能部分出现，所以空间巡航者对线索的使用有多种组合，能够基于环境、任务和自身的状态对线索进行权重编码，这产生了复杂的策略选择可能性。在日常生活中个体自身身体的运动反馈也包含了空间信息，帮助个体定位。自身运动线索有时也被称为本体信息，主要是指自身运动信息（主要是内部身体感觉和视觉），其来源于几种感觉资源，包括视觉（线性和放射性光流）、前庭感觉（平移和旋转加速度）和本体感觉（肌肉、肌腱与关节的反馈信息）。个体通过记录身体不同部位的位移与旋转信息以不断更新自己的位置表征，此过程即为路径整合。路径整合能提示我们走了多远，转了几次弯以及转弯的方向。路径整合在啮齿类动物的空间巡航中扮演着极为重要的角色，但是在人类生活中由于对视觉的依赖，不同个体之间的路径整合能力的差异还没有系统的评估和研究。

（三）个体差异的研究焦点：性别差异和策略差异

从上述有关个体在空间能力的差异表现，可以发现两个特点。

1. 空间能力的表现差异具有相对性

空间能力整体水平、早晚时间、性别的个体差异是相对的而并非绝对的，是有条件的存在而非无条件的存在。也就是说，并不存在所谓的"个体空间能力的绝对好,或者个体空间能力的绝对不好"。往往都是在某种空间活动中,某些个体表现较好,某些个体表现较差,存在空间表现的优势;然而在不同的空间活动中,这种空间表现优势就反转或者消失了。

2. 空间能力的个体差异具有真实性

个体之间在完成某个空间活动中的具体认知过程、解决问题策略、外显行为表现都是独特的,因此这种个体差异是真实存在的。在日常生活中,人们很明显地意识到有些人非常擅长将大量物品装入其汽车的后备箱,能巧妙地将大的立体家具搬进面积相对较小的门,有些人善于在一个陌生城市中快速准确找到自己到达目的地的线路。在这些事情上有一种令人惊奇的现象,在任务的完成情况上存在着性别差异,并且在任务的完成过程中存在策略差异。这种性别差异和策略差异都是真实存在的,是不足为奇的。

因此本文接下来将对空间记忆中的两类真实而又广泛存在的个体差异——性别差异和策略差异进行专门论述。希望能为未来空间能力的个体差异研究找到可行的科学研究方案。

第二节 空间能力发展的性别差异

人们对于空间能力的性别差异一直充满了研究兴趣,却一直没有一个普遍认可的看法,不同研究者有不同的看法。下面就空间能力的性别差异出现的原因进行讨论。

一、近因生物学机制

在过去的几十年中,很多研究者强调生物学因素对性别差异起着决定性作用。不同研究者对性别差异的解释主要有三种假设。第一,空间能力的性别差异与青春期发育有关。较高水平的空间能力与青春期出现得较迟有关,但是这一假设并没有得到后来研究的证实。第二,空间能力的性别差异与大脑功能的偏侧优势有关。仅从采用行为方法来评估偏侧优势的研究中得到了很微弱的支持。采用成像技术对空间任务的神经基质进行比较直接的评定,可能会为更好地为检验偏侧优势假设提供可能性。有些研究样本的被试量较小,影响了结果的普遍性,使得这一假设不具代表性。第三,空间能力的性别差异与性类激素有关。该假设得到较多研究者的支持，但具体是哪种激素对于空间能力的性别差异重要还是未知的。同时这些研究也没有详细说明，能够反映激素水平与操作成绩之间关系的曲线形状到底是什么样子的。

二、社会生物学

社会生物学对于空间能力的性别差异的出现提供了一个较为完整的解释。基于社会生物学的观点，男性具有较高水平的空间能力可能有助于生殖优势的自然增长。研究者强调这样一种事实，在以狩猎和采摘为生的社会中，女性主要负责采摘，男性主要负责狩猎。女性的采摘地点通常离家较近，所以不需要走很远的路，她们的空间能力得到发展和锻炼的机会较少。男性通常是猎人，而且在狩猎的几种组成活动中似乎都需要空间技能，包括追踪动物、瞄准动物、对用于捕获动物的武器进行精加工。

然而社会生物学方面的解释存在着一定的问题。以狩猎和采摘为例。采摘野生食物可能需要离家走相当远的路，去寻找在其成熟季节中可食用的各种不同类型的植物，可能有助于女性空间能力的发展。而对于男性的狩猎而言，对狩猎成功起决定作用的可能未必是空间能力。动物是移动的，但是人类不太适合快速地去追击大多数猎物，而且我们的祖先在狩猎时可能大多是通过设置陷阱或等候在水坑附近，而不是在蜿蜒的小路上去追击猎物。就制造在狩猎和采摘过程中所使用的工具来说，要求具有编织、制造篮子或陶器以及对箭头和矛尖进行精加工的空间技能。最后，尽管狩猎成功的瞄准环节是一种在空间中所做出的动作，但是它似乎并不是种空间技能——成功射中目标可能与在心理旋转任务中获得成功没有什么关系。同时就前文提到的多配偶制的田鼠族群而言，相比雌性田鼠，雄性田鼠因为要更多的寻找配偶机会而扩大自己的巢域，这一逻辑推衍到人类社会也有问题。与雌性田鼠不同的是，人类女性是生活在社会群体中的，而不是孤立地占据在广泛分散的家庭领土上。要想使许多人类女性受精可能更多地要依靠像魅力或狡诈这样的能力，而不是靠找到通往各个小屋的道路的能力。

从进化的观点来看，还有一些问题需要解释。空间的心理旋转能力对男性和女性都具有适应意义，如果空间旋转这种心理特质不具有明显代价，为何女性在进化中失去了这种空间能力。换句话说，当一种特质不再具有任何明显的新陈代谢价值的时候，为什么性别差异还存在于对两性来说都具有适应意义的这样一种特质之中呢？与生殖能力有关的大多数性别专门化特质，不外乎是生出鹿角或装饰尾部这样一些身体特征方面的变化，但这些身体特征变化既麻烦又代价昂贵。雄性之所以具有这些特征，最主要还是因为它们可以增强其与其他雄性争斗时的战斗力，以及对雌性的吸引力。除非占有这种特质必须要付出代价，否则没有理由不让两种性别共同拥有一种在大量不同的场合中都非常有用的特质。当然，发展高水平的空间能力可能需要付出某些代价；然而，会付出什么样的代价，目前我们对此几乎还是一无所知。

三、环境影响

环境因素对空间能力的性别差异产生有何影响？一些相关研究表明，某些空间能力与特定空间活动的参与程度之间的相关性虽然很低但很稳定，通常大多数活动被认为是属于男性的活动。然而，这些相关可能是个体基于自己的空间能力或者擅长优势去选择活动的结果，而不是由于这些活动引起了空间能力的提高。某些空间性别差异会随着时间的推移而逐渐减小，这大概可能就是环境方面的原因。

对于在心理旋转方面的性别差异，更多证据表明这种性别差异是逐渐增大的。无论性别差异是减小还是增大，可能都暗示着环境方面的影响作用。尽管人们通常假设社会正在变得越来越平等主义，但是对可能影响心理旋转能力的社会因素方面的变化，几乎一直没有任何直接的考察。

计算机使用对性别差异的影响。过去二十年，随着对计算机使用的逐渐增多，可能会影响性别差异的增大。这是因为一般来说，与女性相比，男性可能更喜欢使用计算机，并且更喜欢从事对空间能力要求较高的计算机活动，比如电子游戏。75%~80%的计算机游戏销售额来自男性消费者。计算机的使用是与空间技能有关的。

四、空间能力的性别差异研究启示

尽管研究者发现空间能力的性别差异广泛存在，但是如何去创造条件提高性别差异所带来的影响，可能比寻找性别差异产生的原因更为重要。空间技能的延展性是一个非常核心的议题，但是在讨论性别差异时，人们常常会忽视这个议题。即使性别差异非常显著，空间能力的水平似乎也不是完全由生物学因素所决定的。研究者一直在寻找有效的技术方法来改进性别差异带来的不利影响。

很多教育和训练方法可以增强个体空间方面的行为表现，包括在学校教育期间所接受的信息。像其他学校教育的能力培养一样，在过去的一个世纪里，空间能力提高的速度超过了遗传基因变化的速度，这被称为弗林效应。结果发现男性和女性具有等同的训练效应或者训练增益，因此性别差异并没有消失。然而，从数量大小角度来说，训练的效应量要显著地大于性别差异本身的数量。与没有接受过训练的男性相比，受过训练的女性会同他们做得一样好或更好。如果希望教育能最大化培养未来那些需要空间技能的职业的人力，比如数学、工程学、建筑学、物理学和计算机科学，那么提高女性的空间能力是必要的。了解如何去训练个体的空间技能是至关重要的，而不是仅把注意力放在对性别差异的解释上。

第三节 空间能力发展的策略差异

本节将探讨个体在不同空间任务所使用的策略差异。

一、生物适应说

一些个体之间的策略使用的变异可能是由于某些生物学机制。之所以出现这种变异可能是由于我们还没有认识到的适应方面，或仅仅因为进化不能确保完全适应。另外，这一变异也可能反映了某些特定的空间活动在不同人的生活中其重要性程度是不同的，从而导致了共同的生物潜能在不同个体身上实现的程度是不同的。

或许从社会生物学，即从社会文化的角度去思考策略学习中的这种变异更有说服力。研究者运用社会文化学的方法对儿童发展进行研究后强调，学习不仅包括逐渐增多的知识，而且包括价值观和文化假说的联合，这种文化假说可用于解释个体是如何解决学习任务的。

二、认知建构论

儿童早期有关地点的空间定位能力的发展过程中，从早期受到偶然性强化到最后形成确定性地判断，这中间个体的内在认知过程发生了何种变化？目前尚未有一致的解释。从认知建构的角度来解释适应性框架理论成为一个可能的解释，其主要观点是：①儿童对位置的反应记忆更可能是偶然的，他们利用外部参照系框架所进行的位置记忆的依赖，其实反映儿童对周围环境的抽象认识。这是儿童在活动中积累形成的有关世界是如何运行的一种经验结构，这是儿童内在一种较为深刻的概念性知识网络。②某一次空间任务中，儿童在某个位置成功地找到客体，从一开始受偶然性的认识或者感受所支配，逐渐发展到受必要性的认识或者感受所支配，这中间可能存在着一种认识或者感受的过渡。这种认识或者感受的过渡可能是儿童的空间能力发展中对不同空间编码方法依赖的转换。这种转化的观点也可以解释儿童早期的另一种空间认知转变，即自我为中心参照系到客体为中心参照系的转换，或者说是从自我参照系到客体参照系的转变。而自我参照系到客体参照系转换广泛地出现在心理旋转、观点采择和空间巡航的空间任务中。③对不同线索的空间定位编码可能是空间策略的巨大差异的原因。早在生命的早期，就表现出来了空间定位编码的各种不同基础。包括使用视觉信标以补偿婴儿身体运动的不足以及简单的动作记忆。④发展的建构理论所提出的经验依赖于活动建构。个体对环境中每种类型信息的空间编码线索依赖程度取决于许多因素，比如线索的突出性和线索之间的竞争。个体对某种环境线索的选择中，最为重要的是不断累积的有关各种不同信息来源的相对有效性的证据。也就是说，与物理世界相互作用的经验为各种不同编码方法的有效性提供了反馈。

研究者在1986年首次采用矩形箱考察老鼠如何利用不同来源环境输入信息进行空间定向。结果发现，老鼠除了选择正确拐角处，还常常选择与正确拐角180°旋转对称的拐角处，称为旋转误差效应。研究者推测旋转误差效应与几何线索编码的优势有关，具体解释是这两个拐角位置都符合房间的长边墙壁在左、短边墙壁在右的几何关系，并且这种几何优势效应在儿童的研究中得到了证实。

进一步对这种空间任务中所依赖的几何线索研究发现，并非所有的几何线索都会引起旋转误差。研究发现当鼠利用大尺度的环境几何线索（矩形箱相对于房间朝向）来寻找目标时，并没有出现旋转误差。一种推测是这种几何线索是由环境中主要坐标轴（南北向）和次要坐标轴（东西向）而计算出的欧式几何坐标系，这个坐标系能够标注个体的位置帮助个体准确定位。同是几何线索，墙壁的长度及角度信息和环境的欧式几何坐标系信息在旋转误差效应表现不同，有研究者推测是因为墙壁的长度和角度组成属于局部几何信息，不涉及整体环境信息的编码，因此无法区分环境中存在的易混淆位置。而房间的直角坐标系属于整体几何信息，通过整体环境信息的编码，能够提供环境中唯一确定的位置。因此，对环境中的局部几何和整体几何编码导致在旋转效应中出现分离。但是这种局部几何信息和整体几何线索在大范围空间巡航中的详细作用机制尚不清楚。

三、迭波理论和计算机模型

有关特征线索在矩形箱空间巡航中作用机制的早期研究发现，即使环境中存在墙壁纹理、气味或者地标能够定位唯一正确位置的特征线索，儿童仍然选择墙壁几何线索，而忽视特征线索。这些研究提出的问题是，儿童选择某些无效线索或放弃某些有效线索，这种选择和放弃的内在机制是什么？

在儿童学习策略研究中，西格勒提出的迭波理论或许能给这种选择机制提供一种可靠的解释。许多实证研究表明，迭波模型符合儿童认知策略发展的特点。该模型的主要观点包括：①儿童在解决给定的问题时会使用多种思维策略和方式，而不是单一的；②不同的思维策略和方式在长期内并存，它们并不仅是短时期内的过渡；③经验将改变原有的思维策略和方式并使儿童获得更多先进的方法。

该理论的优势在于能够很好地说明"为什么在同一个时期儿童会同时使用不同策略？"该模型首先认为人类个体的学习方式存在认知多样性，因此在一个时期里儿童会采用多种策略方法。随着时间的推移，每一策略的使用频次都在不断地发生变化，新的策略时有出现，以前的策略有时却被终止，但它们都在一定的时间段内并存。这种认知多样性在分析的每个水平似乎都存在，包括个体水平、时间水平、任务形式、解决的语言或手势类型。

他又通过实验验证了这种认知多样性在每个水平的存在。①个体水平，它存在于个体及个体间，在算术、系列回忆、拼写、时间辨认和其他任务的研究中，大多数儿童至少会采用3种策略。②时间水平，个体在继时的两种情形下解决同样的问题时，这个差异也同样明显。③任务形式，在同一周内以两种形式向儿童呈现相同的题目，结果发现1/3的儿童采用了不同的策略。④解决的语言或手势类型，甚至在同一试验中也有差异。在同一试验中，儿童有时用语言表述一种策略，有时用手势去表达另一种策略。有时仅是言语表达就能揭示多种策略，比如，在一项单一的自由回忆试验中，儿童经常使用分类命名和背诵两种策略。

建立在儿童和成年人学习的研究基础上，通过计算机模拟，研究者可以使用一系列普遍的原则去解释从儿童早期到成年期的认知成长。计算机模型对一些人类的学习过程进行分析后，迭波模式就出现。学习过程所获得的问题解决经验导致了一个与策略和问题相连的大数据库，这个大数据库包含问题解决的所有数据信息：策略的速度、策略的精确性、问题类型是一般问题及特殊问题等信息。有些策略由于经常使用而趋于自动化。因此，不断扩展的大数据库使人们能对策略做出精确的选择，而策略的自动化则导致策略执行的快速、精确和省力。

SCADS 是近年来计算机模拟中的一个重要方面。通过它，人们能在联结和认知学习过程的相互作用中发现新的策略。新策略的产生可以用于解释人类在学习过程中的新机制的出现，新策略产生过程包括：第一，策略寻找。自动化的策略执行导致了认知资源的空置，它们中的一部分就被用来在现存的策略中去寻找过剩的加工成分。第二，策略发现。如果存在这种剩余的认知加工成分，潜在的策略就可以通过策略发现的启发式过程而产生，潜在的新策略就可以被发现。第三，策略评估。计算机根据原有信息对这些潜在的策略加以评估，如果潜在的策略与以往存储的数据较为一致，人们就可尝试着使用它。尝试对潜在策略和现有策略进行比较和评估。第四，策略使用。通过对新策略的使用，计算机就能储存到该策略的速度和精确性等信息，大数据库就会进行策略的更新，这些新数据和原有数据共同决定着新方法在什么时候可以使用。因此，优于以往选择的新策略就被会大量使用，而劣于以往选择的策略则置之不用或用得很少。

四、动力系统建构论

儿童学习的其他模型,如动力系统的建构理论与重波理论在细节上略有不同。但动力系统也有一些基本认识:①儿童以行为来学习,学习通过操作而发生;②变异性是认知系统的核心特征,它并不仅是反映测量误差的;③学习时认知系统的很多方面同时发生变化;④多种限制——解剖学的、生理学的、环境及认知的指导着学习的形式。

研究者采用虚拟现实技术研究人类的空间巡航实验,对空间巡航中环境线索和个体策略选择的关系直接进行研究。研究50名成年人在自发情况下对两种策略的选择,两种策略分布是自我参照系的路线和客体参照系的地图策略。结果发现,整个实验过程中交替使用路线和地图策略的被试者占人群的44%。可以看出,个体在空间任务的完成过程中并非只选择某一种策略,而是在不同的策略之间进行转换。这个结果提示,个体对不同空间巡航策略的选择是分布在一个从路线策略到客体策略的连续体。连续体两个端点的路线者和地图者在人群占少数,大部分人选择混合路线和地图的策略。但是个体在空间巡航中在不同策略之间进行频繁转换的真实原因是什么?为了回答这一问题,我们的研究团队采用相同的实验范式,并扩大了样本量,采用125人为被试者,进一步考察不同场景线索对个体策略选择的影响。结果发现,整个测试中交替使用自我参照系和客体参照系两种策略的被试者占人群约55.2%,与前人研究结构一致。更重要的是研究还发现,混合策略出现的可能原因与地标线索的突出性有关。研究结果表明,相比地标突出和明显的情况,当地标线索不突出时,交替策略的选择增多,这种交替可能与被试者对环境线索的不确定增强有关。这种研究结果的出现符合迭波理论和动力系统的建构理论的解释。

第四节　空间能力发展差异的研究展望

一、个体差异研究的困境

尽管理解空间能力个体差异的发展既有实际价值也有理论意义,但是有关这个议题的研究一直处于空间能力研究的边缘位置，而且它一直被当作心理测量学的一个分支，是采用相关性方法而不是实验的方法被加以研究的。之所以造成这种状况，有四个主要原因。

第一，研究方法的选择。在研究认知发展的群体内，研究者一直对详尽地说明标准化发展有着浓厚兴趣。出于理论的和实际的原因，这一传统导致了对个体差异的忽视。在理论方面，空间测试标准化作为一种心理量表，空间智力测验是按照标准化程序进行编制的，所得的测验是一种标准化测验，保证了测试较高的信度和效度。标准化测验一般由熟悉相关理论的心理学专业人员编制，程序规范、完整，不仅在编制程序上要标准化，而且在测验施测、分数评定、结果解释方面也要标准化。因此，作为一种标准化测验的空间测试有一定的科学性。同时在现实层面，空间测试标准化测试在评价的有效性和效率方面做了有效的平衡，相对而言，标准化策略能够在最短时间内做出最为有效的可靠评价。这也符合当前我国的人口现状，要面对如此庞大的人口进行教育评估和测量。同时考虑到当前我国的新高考改革对个性化教育的重视，个体差异的研究有助于为个性化教育和高考改革提供依据。

第二，研究课题的复杂性。个体的空间策略选择受到多方面因素的影响，表现出复杂性。空间巡航的线索影响策略选择的实验结构也说明了一个事实，个体的空间策略选择是非常灵活的。此外，个体的疲劳、对任务的厌倦、任务的重要性在不同个体之间是不同的，这些都会影响策略的选择。

第三，研究结果的解释。有研究者常常将差异认为是误差，即个体在空间成绩上的变异性是真实的误差变异，而非有意义的信息。当研究者思考婴儿期和学前期的早期发展时，持有这样的假设是非常常见的。而且在过去的几十年内，发展学者一直对这个时期的研究特别有兴趣。尽管这个主张有可能是正确的，但是另外一种可能是，那些较早就发展出在延迟时间内保持空间信息或重新调整地图信息能力的儿童，事实上显示出的是有意义的长处。

第四，研究方法的不足。在实际方面，一直很难把标准化发展和个体差异两方面的研究整合起来，因为在标准化空间发展研究中所采用的方法，从来都不适合于研究个体差异。实验方法通常只包括很少的试验次数，因而可信度不太确定而且用于纵向研究时没有多大把握。将心理学的这两个领域联合起来时所遇到的困难：在过去的一个世纪中，纸笔测验，尤其是那些适合团体施测的纸笔测验，不太适合用于评定那些涉及三维客体的技能以及在大型环境中进行空间巡航运动的技能。例如，在吉尔福特—齐默尔曼空间定向测验中，用一个船首的简图代表一艘移动的小船，企图模拟处于这艘小船上的各种不同位置。因素分析，尤其是探索性因素分析而非验证性因素分析，为空间能力的结构提供了一个既不明确而且不断变化的描述，一部分原因是它要受到所用的成套测验中各分测验的特征的支配，另一部分原因是它忽视了这样一个事实：人们在解决同一个测验中的不同项目时可能会采用不同的策略。最近人们在将虚拟现实用于测量以及对策略直接进行研究等方面所做出的努力是非常令人欣喜的，但是仍没有发展到可以提供出可靠方法的地步。

二、个体差异研究的展望

目前，个体差异的研究似乎得到研究者的一些关注，一些很有发展前途的方法论和策略已开始涌现，包括虚拟现实技术、采用发展研究范式对个体差异进行评估，以及对策略和表现水平进行精密的分析。

在关于儿童学习的研究中，我们经常采用标准的横向或纵向研究，在不同的年龄段进行取样。使用这样的方法，我们能够回答"儿童在什么时候学会理解"等诸如此类的问题。但如果问题是"儿童通过什么样的过程来学习"，标准的横向和纵向研究方法就有些困难。其原因在于，这些研究方法，对出现的能力的观察已被时间分隔成一段段不连续的部分，它不会产生关于学习的加工过程的细节信息，也无法体现出变化是如何出现的。为了观测到这些变化，研究者采用了微发生方法对个体学习的快速变化进行研究。微发生方法的优势在于它能回答关于学习加工过程的问题。

这种研究方法有以下三个特点。

（1）观察跨越了能力快速变化的时期。研究者会通过先前的理论研究，选取儿童某种心理特质或者能力快速发展的关键期作为合适的观察期进行研究。比如研究者对最小化策略研究，就通过前人研究得出 4~5 岁是儿童获得最小化策略的关键时期，他们正经历着一个从无到有的过程，变化非常迅速，因此研究者精心挑选出 10 名儿童，对之进行细致的观察。

（2）在这个时期内，观察的密度与变化的比率密切相关。研究者对最小化策略快速发展的 10 名儿童，通过一周三次的密集试验来了解儿童解决问题的方法和水平,探测其变化的过程。

(3) 为推断出引起变化的过程,需对观察结果进行深入细致的分析。研究者获得了大量的观测数据和口头报告,在深入分析的基础上,研究者对儿童获得最小化策略的加工过程进行了探讨。

微发生方法最大的特点即是采用多种方法,对儿童进行频繁和细微的观察和测试,从而获得大量细节性的数据。虽然它需要研究者投入很多的精力和时间,但由于其能获得传统研究所不能获得的很多细节性内容,因此越来越受到研究者们的青睐。微发生法的这一优势或许能为未来个体差异的研究提供现实的解决路径。

第六章 空间能力的认知研究

人类在面对生活中的空间活动时，由于不同的认知、情感和动机需要，形成了复杂的空间能力。而对于任何一项空间活动的顺利完成，都依赖个体最基本的知识结构和操作技能。知识结构是人类完成将要进行的活动所必备的认知结构，包括对活动目标和活动性质的辨认，以及对具体的活动程序的确定。而操作技能是人类完成空间活动所需要的加工方式，包括对物质性的客体的加工和对心智性表征的加工。在真实的空间活动中，这些认知结构由什么构成？具体的加工过程是怎样的？在面对环境线索和知识结构的共同作用下，个体完成空间活动的策略选择机制是怎样的？本章将对这些问题进行介绍。

第一节 空间能力的认知结构

个体空间能力所依赖的空间经验是有关空间的认知结构。早期研究就已经发现人类和动物共同存在两种认知结构：几何模块和特征模块。后继研究者围绕"两种模块的交互作用"如何影响了人类的空间能力展开了大量富有成效且充满争议的研究。

一、几何模块和特征模块

（一）几何模块的提出

早期研究者致力于探索人类的空间经验中包含哪些空间认知结构，而较少对这种空间结构的表征内容及其准确性进行更细致的研究。研究者认为，人类对环境中不同的空间特征可能会形成截然不同的空间认知结构或者认知模块，一个最经典的模块就是几何模块。几何模块负责对各种环境表面的相对长度以及这些表面之间的关系等方面的信息进行编码。例如，在一个矩形房间内，较长的墙体面在较短的墙体面的左边。研究者认为，从本质上来说，动物的几何敏感性是模块性的，也就是说它们对环境的几何敏感性是封装的。因为有证据表明，像表面的颜色这类特征信息并没有被用于消除几何学上全等的两个位置之间的歧义（这就是经典的旋转误差效应）。对几何信息的敏感性和对颜色等信息的敏感性的能力是彼此独立、互不关联的认知单元，也就是说它们之间是难以相互渗透的。

几何模块的提出得到了几何敏感性的研究证据支持。研究者采用矩形箱范式考察动物和早期人类婴儿的几何敏感性。研究者将老鼠放置在一个没有任何标记的、矩形形状的封闭空间里，并且在封闭空间的一个角落里藏有食物。实验开始首先将老鼠转晕使它们失去方向感。这样做的目的是以免老鼠在后续空间定位实验中使用本体觉、前庭觉等信息系统来定位和推测，使它们仅能依赖以环境线索为条件来进行空间定位。之后，将老鼠放回到这个封闭的空间里。结果发现，在对矩形箱中食物进行定位的学习过程中，这些老鼠会走向两个几何特征一模一样的角落去寻找食物，同时远离另外两个角落。进一步分析发现老鼠始终寻找食物的两个角落与始终远离的两个角落的区别是，长墙与短墙的关系不同。这种寻找模式显示出了老鼠对环境中几何特征的编码，包括：墙的长度方面的某些特性，比如墙体的相对长度或绝对长度；或者墙角关系的属性或感觉，例如较长些的墙是在较短些的墙的左面或右面。后续研究者对人类18个月到24个月大的婴儿也进行了研究，在这些早期人类婴儿身上也得出了与动物非常类似的结果。这种动物和早期人类的矩形箱行为实验结果支持，人类儿童早期就对封闭空间表现出了几何敏感性这一观点，并且几何敏感性具有封装性或不可侵入性。

几何模块的封装性或者不可侵入性的逻辑是基于研究的发现，即无论老鼠还是儿童都坚持对几何线索产生敏感，并且表现出对地标线索的"视而不见"。在一个没有记号的矩形封闭空间里，老鼠和儿童作为被试可以看到各种不同种类的特征，比如一面彩色的墙。当其进入这种没有记号的房间之后，会忽视那些可能帮助成功定位的额外信息，只会继续在具有正确几何特性的两个角落之间展开寻找。即使他们能够注意到和记住有关彩色墙的信息，还是会依然如故。这类证据显示出一种几何敏感性的封装性或不可侵入性，这是模块理论的一个关键品质。因此经典的模块理论之假定模块彼此之间是难以相互渗透的，来自不同模块信息的结合依赖于复杂空间语言的使用，而这种空间语言只有学龄儿童和成人才具备。在缺乏语言联结的情况下，一些信息来源即使很有用，也可能被忽略，似乎某种特定用途的模块只主导某些特定情境中的行为。

后来的研究很好地支持了人类儿童早期就对封闭空间具有几何敏感性的这一观点。研究发现，学步儿童在一个矩形空间或三角形空间中失去方向感之后，能够确定出隐藏的客体所处的位置，展示出了几何敏感性的普遍存在性。研究者对这种人类儿童早期的几何敏感性本质进一步探讨时发现儿童在走向认为客体就隐藏在那里的角落之前，几乎很少审视各种不同的位置。据此，儿童的内在表征很可能是整个空间，而不是隐藏玩具的那个特定角落的外观。在他们失去方向感之后，无论面向任何地方，这种有关房间的整体性表征都会为他们了解自己与隐藏客体的角落之间的关系提供可能性。

几何模块的进一步发展和完善来自几何调制理论，该理论由加利斯泰尔最早提出。几何调制是一种理论机制，对人类空间结构的几何模块的表征内容进行了更细致的研究和解释。该理论认为，人类对环境的几何属性的认识是从通过计算一个空间中主要的和次要的坐标轴中来抽取的，并且有一个几何机制负责这些计算。几何知识，是生物的一种先天固有的内在模块，在不需要指导语引导的情况下，个体通过这种内在的模块就能够对整体空间进行编码。这种内在坐标轴知识对闭合环境中的学习更准确且更有用。只用一个单独的几何线索确定位置，有时会产生目标位置的歧义或者模糊性。假如使用的几何线索是长墙在短墙的左边，两个墙角也就是目标位置，这也就是经典的矩形箱实验所发现的动物和人类基于单一的几何线索总是混淆两个几何相似的位置。当迷向后重现定位目标位置，仍然沿用之前的几何线索时，不管正确位置还是旋转错误位置都符合几何线索确定的位置。没有方向感就会进入错误的镜像角落位置，即旋转错误。这种旋转错误常常与正确位置有180°差异，主要是因为地图按照错误的方式匹配真实世界。

（二）特征模块的提出

研究者提出，人类和动物通过学习而获得的空间经验不仅有几何模块，还有特征模块，构成环境的空间认知结构就是这两种认知模块。人类天生就有关于物体和空间的知识，这些知识随着后来语言的习得而得以扩充。

研究者对地标在空间定向的作用机制进行了研究。实验考察成年人和儿童对地标线索的使用偏好。他们设置三种水平的地标和目标的空间关系。第一组，只有地标朝向改变的实验组，地标线索相对于目标，保持距离不变而朝向改变；第二组，只有地标距离改变的实验组，地标线索相对于目标，保持朝向不变而距离改变；第三组，地标朝向和距离都不变的控制组，地标线索相对目标的朝向和距离都不变。结果发现，距离改变的实验组和二者条件都不变的控制组的定位表现一样好，且这两组的定位表现都要远远好于朝向改变的实验组。简而言之，如果地标变异只涉及距离也就是保持朝向轴不变，这些地标的改变会被自动忽略；一旦地标的变异涉及朝向时，这些地标的改变会被自以为正确的学习。这些结果表明，地标的稳定性很重要，但是在人类的地标导航中，其重要性也仅限于地标相对于目标的稳定朝向。这提示人类学习地标用于定位，是需要地标提供一个相对于目标的朝向。

地标多向轴的观点成为地标作用机制研究中一个有争议且有趣的未解之谜。地标多向轴假说提出，北美星鸦使用远离目标的地标进行判断时，朝向判断要比距离判断准确。他们假设这些星鸦使用了一系列的方向轴，每个方向轴都提供了从目标朝向不同地标的方向估计，因此使用更多的地标将会得到更精确的搜索。在人类身上验证这种假设的研究较少，不过地标基于方向轴确定朝向判断的研究中，一个有趣的领域是欧式几何研究。一种观点认为大脑存在特定的模块，会匹配记忆中的环境形状到当前知觉到的环境中。这种模块匹配过程并不包括特征信息，不关心表面的气味，或者光强的波动，表面的纹理等。事实上，匹配是通过矫正记忆中编码了的空间主要轴，对准到知觉到的空间的主要方向轴，这是一种整体形式的匹配，其中只有少量的参数被提取出用于匹配。该理论也认为空间的形状并不是几何模块的，决定了朝向方向的特征信息可能进行特征编码，但是不在几何模块中。

研究者在人类对环境的空间结构的表征准确性中进一步研究并提出，特征模块能够对几何模块的误差进行调节。研究发现，特征线索的大小可以调节几何线索的几何歧义，因此特征模块的必要性在于能够解决人类运用单一的几何模块所出现的误差问题。在对猴子的研究中，发现一个非常有趣的现象，即环境中特征线索的变化是如何调节了猴子空间定位准确性的变化。他们研究发现，当环境中只有几何线索而没有特征线索时，猴子在解决问题时出现了旋转误差效应，产生几何歧义；当出现特征线索并且该线索较小时，猴子仍然用几何线索而不是特征线索解决重新定向任务；最后当几何线索较大时，猴子却更多选择了正确位置而不是几何线索，但是它们仍然会出现系统的旋转误差。综合这些结果可知，当环境中的特征线索足够大时，猴子将同时采用特征线索和几何线索。同时特征线索可以代偿几何线索，即个体在没有几何线索时也可以重新定向。这里的特征线索可以是特征知识、地标知识、类别知识等非几何知识。

二、特征模块和几何模块的交互机制

（一）模块理论对特征线索和几何线索的交互观点

研究者对特征线索和几何线索同时出现时，个体的空间任务表现进行研究发现，有关特征模块和几何模块的交互作用存在竞争和协作两种情况。

1. 特征线索和几何线索的竞争机制

认为几何模块和特征模块会存在线索竞争的研究主要来自联结学习模型。该模型对两种模块的观点是：①认为两种模块是独立的的模块；②线索冗余时存在线索竞争，包括阻塞和掩蔽两种方式。具体而言，当线索冗余并且序列呈现，模型预测会出现阻塞，也就是第一个训练的线索会阻碍后来呈现的线索学习。当线索冗余且同时呈现时，每个线索的学习要比单独学习该线索的表现要差。用该理论解释矩形箱实验时，可以认为老鼠在寻找食物的过程中，环境中可用于空间定位的线索存在冗余现象，即在几何定义的墙角常常出现地标线索。因此研究中发现了掩蔽结果，即一种线索的使用会掩蔽另一种线索的学习，具体而言是几何线索对地标线索的掩蔽。

研究者还在非几何线索的空间定位研究中，发现了地标对地标的掩蔽现象。比如发现在水迷宫实验中，如果事先训练老鼠定位一个靠近目标的固定不变的地标线索，这种地标的呈现能够稳定的持续预测目标平台所在的位置，将导致对远处新增加的地标的搜索行为减少，这时出现了当前目标的地标线索对先前目标的地标线索的掩蔽。反之，如果事先学习的是一个远距离的变化的地标线索，那么新增加一个近目标的地标时，其搜索表现将得到提升。这些结果表明，地标之间存在竞争性，地标对目标的临近性和稳定性将会干扰后续的新增加地标线索的学习。

2. 特征线索和几何线索的协同机制

研究者发现线索冗余不仅仅会导致掩蔽，有时也会出现线索强化，表现为两种线索的协同机制。线索强化就是指一种类型的信息学习强化了另一种线索。但是理论上并不清楚，线索竞争是发生在一个单一空间的学习系统，还是并行存在于两个独立空间的系统。因此，解释清楚强化的逻辑前提是需要解释为何阻塞或者掩蔽会消失。关于线索强化的理论有必要研究线索竞争存在和消失的调制因素。进一步的研究显示，线索竞争受到某个系统的线索突出性、主观预期、年龄相关的认知发展的限制。首先，线索竞争受到线索突出性限制。如果某个系统的线索非常突出就不会受到另一个系统的线索竞争。比如，先前对猴子的定位研究中，所发现一开始地标线索不突出时将无法干扰猴子对几何线索的使用。其次，线索竞争也受到个体对于某个线索的主观效度估计。当研究者鼓励被试探索环境时，两个地标之间的阻塞效应消失了。最后，线索竞争受到年龄相关的认知发展影响。实验考察成年人和儿童对于临近线索和偏远线索的使用，发现儿童更偏好依靠近处的线索，而成年人更依赖远处的地标线索。进一步分析对于目标的距离误差和角度误差发现，成年人更精确地估计了目标的角度，而儿童更精确地估计了到达目的地的距离。

线索强化的理论解释，研究者可能与操作化条件反射有关。米勒等人的模型认为，空间学习天然是一种操作学习，被试常常依靠自身成功或者失败的经验来确定搜索目的地的方向。他们模型的核心思想是认为被试学习了多个线索来确定目标，通过调节任务参数会分别产生增强效应或者消除掩蔽效应。但是该模型将几何性简单化为一个元素，并不能解释更多不同的几何属性。

(二) 适应性框架理论

以皮亚杰的个体建构主义和维果斯基的社会建构主义为基础，适应性框架理论认为个体的空间表征是人类个体在与物理环境、社会环境、文化交互的过程中发展起来的。在新建构主义和贝叶斯理论统计的基础上，适应性框架理论用不同元素的权重机制很好地解释了人类是如何利用外界环境线索进行空间学习的。有关如何利用不同来源的空间信息的另外一种解释模型是一类被称作适应性的联合模型。这种理论框架解释下，所谓的模块只具有相对中性的意义，即对于空间定位的各种不同信息的最初直觉加工可能是分别发生在各种截然不同的生理学路径或特定的皮层区域上，研究者假定生物体的空间编码涉及这种适应性的联合。

几何敏感性是一个引人注目的研究发现，适应性框架模型从对几何敏感性的实验结果探讨开始发展出不同的模型。由于该理论已经承认几何编码能力的存在并且就其某些方面的本质进行了说明，因此研究者首先评估几何敏感性是否有必要依赖模块加工，也就是对几何敏感性是否具有封装性进行质疑。他们用加权来解释不同线索之间的交互。模型采用一种加权的方式把各种不同来源的空间信息联合在一起，被称为适应性联合方法。这种方法利用的是对各种不同空间信息来源的不断变化的混合，以及对各种因素所作的适应性反应的混合。这些因素可以是编码所依据的空间信息，其来源具有可靠性、变异性、有用性以及确定性。

矢量总和模型和边界临近性模型都采用了这种适应性联合方法。矢量总和模型对鸽子使用地标线索能够进行合理的解释。研究发现，在空间定位过程中，基于较近距离地标的矢量要比基于较远距离地标的矢量有更大的权重，这大概是因为在对基于较近距离地标的矢量编码中有较少的变异性。类似的，边界临近性模型对人类在封闭空间内的位置记忆也可以进行很好的解释。模型提出，人们可以对绝对距离信息和相对距离信息进行综合利用。当距离较短时，从一面墙到某个位置的绝对距离编码是比较准确且变异较小，而相对距离编码是分别从各个不同墙面到某个位置的绝对距离的比值，此时绝对距离编码比相对距离编码的权重较大。因此，当需要编码的位置离墙比较近的时候，个体会赋予绝对信息较大的权重；当离墙比较远时，需要编码的位置位于封闭空间的中间时，个体则会赋予相对信息较大的权重。矢量总和模型和边界临近性模型共同拥有一个基本的见解，即相对较为确定和较小变异的信息来说，赋予较不确定和较大变异的信息以较小的权重是一种适应性的表现。这样一来就不难理解以下这样的情况：特征信息和几何信息既可以同时用于确定位置，又可以单独使用其中的一种来确定位置。

适应性学说的最大优势是能够灵活地解释个体在运用几何线索和特征线索过程中所表现出的变异。适应性学说用不同信息在各自加工的权重来代替不同信息的封闭性模块，这样就提高了理论对于空间编码的准确性表征的解释力度。在所有的适应性联合模型中，个体可以根据对较小变异的信息来源赋予相对较大权重的原则，把不同来源的空间环境信息联合在一起，这样就会得到最大限度的准确性。

三、几何模块和特征模块的研究展望

（一）空间表征内容和准确性的解释

模块理论在对空间表征的内容和准确性方面的解释力度就稍显欠缺，值得进一步研究。环境线索中，两种几何线索在个体空间巡航的作用机制是否不同尚不清楚。比如，空间巡航过程中，存在局部几何和整体几何两种线索。其中，房间的墙壁长度角度是局部几何线索，而房间的主轴和次要轴构成的欧式几何坐标系是整体几何线索。研究者难以解释两种几何线索在旋转效应中的分离，整体几何线索和局部几何线索是否对空间巡航的影响存在差异以及出现差异的内在原因是什么，目前尚未得到合理解释。

（二）空间模块与语言的关系

有关几何敏感性的研究为几何模块提供了很好的例证，但是"几何敏感性构成了一种模块"这种说法一直有许多争议。在模块论和适应性框架中存在不同的看法，这种争论的焦点是：语言在使用来自不同模块的信息时起着重要作用，这一说法面临了挑战。研究者发现，动物研究中比如小鸡、鸽子、鱼，可以把特征信息和几何信息整合在一起。如何检验语言对两种空间模块的影响，还缺少实验证据。

（三）几何模块的封装性

适应性联合框架质疑几何模块的封装性。一些关于猴子的研究中并没有显示出几何知识的封装性，该结果支持适应性联合框架的解释。在一个矩形房间中失去方向感之后，猴子会采用一面彩色墙去重新定向，而且会得到一个奖赏。有趣的是，猴子不会使用小的线索去区分几何特性，但是它们的确会使用较大的线索去区分。这一结果支持对于"特征信息何时将被用于消除几何特性上的歧义"所做的基于适应性联合框架的解释。适应性联合框架任务，由于小的客体可能会移动，因此它可能通常不能为空间定位提供好的线索。相对而言，较大的客体更可能是稳定的，因此在建构一个空间框架时会很有用。

（四）研究范式选择对实验结果的影响

虽然在不同人类、动物身上的研究发现让人印象深刻，但是研究者开始质疑研究范式对研究结果的影响。一些研究发现了"地标线索对几何线索的强化",这些结果可能反映出在这些实验中采用了大量的训练。这些实验采用的是参照记忆技术,而不是像在 Cheng 的原创性实验中能够显示出最清晰的模块性的那种工作记忆研究设计。他们认为,在具有最少训练的情况下,只有成人以及 5 岁以上的儿童才会显示出灵活、轻松自如地使用非几何地标线索的空间能力。要想评估几何模块的存在性,就需要使用工作记忆范式或使用训练程度来降低到最低限度的范式,因为这在有关人类儿童的研究中是有可能的。因此,在哪些情况下年幼的儿童可以成功地使用非几何地标及几何信息来重新定向,这对于有关模块性的争议来说是非常重要的。事实上,有证据表明年幼的儿童确实可以使用这两种信息。在比较大一些的空间中,18 个月大的婴儿可以利用诸如彩色墙这样的特征以及经过编码的几何信息进行重新定向。封装现象仅限于使用那种极小的房间内的研究时才会出现。

(五) 线索使用的房间大小效应和年龄效应

研究者发现年龄和房间大小影响几何线索使用的有趣模式。首先是线索使用的年龄效应。比如,在大的房间里,幼儿早期能够高于概率水平利用特征信息,虽然使用并非很熟练。并且这种对特征线索的使用随着年龄增大而增强。无论大空间还是小空间,儿童的成绩都会随着年龄的增长而提高。也就是说,儿童年龄越大,他们在空间巡航中使用特征信息的可能性越高。在 5 岁和 6 岁时,儿童利用彩色墙对几何特征相同的角落做出选择的能力开始有所提高。在较小的空间中,这一年龄范围的儿童充分利用彩色墙的能力也开始出现了。

此外,还有研究者探索线索使用的房间大小效应。房间大小对儿童几何线索的使用也有影响。在大房间里利用特征信息的成绩比在小房间里的成绩要好,大房间与小房间的特征信息加工是不受年龄影响的,对于年龄较小和大的人来说情况相似。

因此,要对房间大小和年龄发展的两方面研究结果加以解释,包括在小房间时对地标线索使用的困难,以及在每种场合下所发生的与年龄相关的变化。此外,与在较大房间里相比,较小房间里的儿童对特征信息的使用方面与年龄相关的变化似乎是更为突出一些。

适应性联合方法认为,综合利用地标信息和几何信息的可能性因线索的不确定性或线索有效性的历史等因素而改变。在一个较大的房间里可能会提高利用特征信息的可能性，因为它提高了其在现实世界中的有效性，越远端的特征通常越有可能成为有用的地标。另外一种可能性，在一间有较多移动机会的房间里，可能会容易激活那些在不便移动的情景中通常不会使用的、涉及线索联合的加工模式，这可能是由于移动会促进对于那些需要记忆的空间布局的接触。那些探索房间大小效应的研究，除了直接操纵突出性、确定性、变异性以及特征信息和几何信息的有效性等因素外，还需解释儿童和成年人在各种不同的情境中是如何对几何信息和特征信息加以利用和联合的，在封闭式几何空间和较为现实的空间中，特征信息利用方面的行为变化背后的发展机制是什么。

第二节　空间能力的加工过程

人类运用环境中的几何线索和特征线索进行空间定位，并形成了相应的认知结构。那么在面对真实的空间任务时，人类对这种认知结构的具体加工过程是怎样的？本节将探讨人类空间能力的加工过程。

一、地标系统和路径整合系统

（一）地标学习系统的提出

1. 地标系统的空间巡航现象

人类的日常生活中，为了到达计划的行进终点，需要不断地更新自己的空间位置。由于我们所生活的城市或者郊区环境中往往提供了丰富的地标信息，能够帮助个体在行进中根据地标或者地标排列等空间信息来更新自己的空间位置从而到达目的地。

地标通常是指在环境中醒目且稳定，能告知位置信息的可视物体，人类在不同的空间巡航活动中会学习不同的地标知识。个体通过对地标的加工和表征获取空间信息的过程称为地标学习。具体的加工过程包括：识别和记忆地标特征、对地标和目的地的空间关系进行记忆、将地标与目标之间形成联结。这种对地标进行加工以帮助空间定位的现象在人类和动物的空间巡航过程是非常普遍的。研究发现，3~7岁儿童就能利用自然界的地标进行再定向，小白鼠在虚拟空间能单独利用视觉线索学习到达。

2. 地标系统的作用机制

地标加工是如何帮助人类和动物完成空间巡航的？根据个体对地标信息的编码方式、地标在空间巡航的功能、个体所使用空间巡航策略的不同，可以将空间巡航的地标功能分为四类。

第一类，信标也称为灯塔，常常是那些能够精确指示空间巡航的目的地，或者位于巡航目的地附近的单一物体或者线索信息。人类在空间巡航过程中，快到达目的地时，常常利用目的地附近的标志性建筑来定位，比如一个大的喷泉广场或者高耸的建筑物等。

第二类，定向线索，这类线索能够提供方向信息，提供关于当前朝向方位的视觉信号。通常指的是个体利用较高的或者突出的地标线索来确定自己当前所在位置、目的地方向等有关环境的空间关系。比如在空间巡航过程中，某个时刻看到了标志性的大厦，就知道自己现在在什么位置，距离目的的空间关系等。

第三类，联想线索，这类线索提供空间巡航活动相关信息形成联结的单一物体。能够将不同的地标线索形成一个空间关系，利用这种空间关系进行定向。比如个体通过大厦、铁塔和喷泉广场确定了三个地标线索所构成的空间，在这个空间中三个地标的空间联系可用于帮助个体确定位置。

第四类，参照系框架，这类线索指代环境的几何信息，如边界和轮廓等，为空间表征与定位提供框架。比如利用房间矩形关系中的长轴和短轴来进行定位，以长轴为横坐标，短轴为纵坐标，建立坐标系可以帮助个体进行空间定位。

（二）路径整合系统的提出

1. 路径整合系统的空间巡航现象

在大部分情况下，个体可以用利用地标进行空间巡航。然而在黑夜、暗室、沙漠、密林或者火灾现场等环境中，往往缺少特殊性质的物体来作为地标线索，利用地标加工来完成空间巡航就显得很困难。在这种情况下，个体通过整合自身运动信息来更新自身和空间环境之间的关系可以找到目的地。空间巡航中，个体依赖自身运动的速度和加速度信息来更新自身位置、朝向的过程被称为路径整合，它是空间巡航过程中重要的加工过程。人类在路径整合系统中经常使用的信息包括两类：第一类是内源性的运动信息，包括被试的前庭觉、本体感觉及传出神经系统提供的自身运动信息。第二类是外源性的运动信息，主要是通过视觉提供的光学流信息。在现实生活中，个体的路径整合系统可以仅以内源性信息为基础，也可以仅以外源性信息为基础，还可以综合内源性和外源性信息。

路径整合的研究在动物实验和人类实验中并不相同。动物研究中，路径整合研究早期主要关注的是动物行为，包括沙漠蚂蚁、沙鼠、狗、鹅等多种动物，并且研究常常与这些动物在空间环境中的觅食行为紧密联系在一起。而在人类路径整合的实验研究中，返回起点任务是一种经典的实验任务，有时也称为路径完成任务。这种任务要求被试在完成由一些直线路段和转角组成的外出路径，当到达外出路径的终点后再自行直线返回起点。被试如何确定自己的终点和起点之间的空间关系？这就依赖被试在出发阶段利用自身对空间信息的整合。在这种返回起点任务中，被试需要依赖对自身运动信息的整合才能从外出路径的终点直线返回起点，因此测试了被试的路径整合能力。人类路径整合能力的研究早期主要以盲人或是蒙住眼睛的健康成人为被试，研究的是没有视觉信息条件下被试完全依赖自身运动信息所进行的路径整合的空间能力。

2. 路径整合系统的作用机制

路径整合研究中的一个重要的概念是返航向量。个体在空间巡航中单独的每一步改变在持续的空间更新过程中形成了一个返航向量，这个返航向量用于确定起点与当前运动位置的关系。返航向量的特性是能够在一个坐标系中，定义起点的坐标和当前位置坐标，并在坐标系中确立一个返航向量。这种返航向量是一种最小化记忆表征的假设。这种观点认为，空间巡航过程中，空间更新只存储了简单的向量，并不存在走过路径的记忆表征，也不存在走过环境的其他地标表征。这样一个简单的返航向量的功能是，用于指明个体如何到达起点。因此该向量能够表明个体需要转多少角度，走多少距离，才能用直线回到起点位置。

这种理论解释的优势有三点。第一，记忆负载最小化。返航向量能够最小化记忆负载，个体只需要更新单一的返航向量就能够保证到达起点，与走过的路径是无关的，不需要考虑存储走过的路径，就节省了大量的认知资源。第二，计算效率高。由于个体在空间巡航过程中，持续更新的偏离方位是基于先前数值进行的递归计算,所以就避免了模糊性和不确定性,这样就提高了单位时间的计算效率。第三,出错概率小。这个返航向量有一个特点,即在反转朝向和原本向量之间是一样的,这是因为向量只是表明了返回起点的方向向量,所以与当前原本向量无关。因此这个特点使得返航向量的这个方位只有在一种情况才会出现不确定性,即只有当个体在返回起点过程中超过了起点位置才会出现方位的计算错误,但这一点也不构成难以解决的问题,因为起点可以定义。从这个返航向量的定义中,可以确定最小记忆表征假设的观点不考虑行驶过路径的信息,这固然减少了记忆负载,其代价就是存在一定的误差。

二、地标系统和路径整合系统的交互作用

在正常的空间巡航中,当地标和自身运动两种信息同时存在时,个体该如何选择信息完成空间巡航,是选择某一种信息引导巡航还是同时进行地标学习与路径整合两种加工来完成巡航?目前有关两种系统交互作用的观点有三种:生物进化观、认知资源观和认知神经科学理论。

(一) 生物进化观

尽管路径整合从定义上而言是排除了地标的影响而只依赖自身运动信息。但事实上,无论是动物还是人类的空间巡航,都能够借助地标信息加工和路径整合信息加工来完成。真实生活中,人类和动物的空间巡航往往是同时运用了地标系统和路径整合系统两种加工过程。比如,研究者在路径整合实验中设置地标,地标信息就会对被试的路径整合表现产生影响。如果是在路径整合信息出现了困难或者不确定的情况下,地标会帮助提高路径整合的成绩。例如,如果在实验开始前预览过路径中的地标或事先记住路径中的地标信息,被试在之后进行的路径完成任务中的成绩会提高。

如果路径整合和地标提供的信息之间互相矛盾,二者之间存在着竞争,则这种线索之间的竞争受到地标的稳定性影响。具体而言,当地标信息明确而稳定时,此时人类会先选择地标系统。人类在空间巡航中可能会更依赖地标信息,而在只能依赖自身运动信息的环境中才会进行路径整合。当地标信息不明确时,此时人类会不得不选择路径整合。人类在空间巡航中由于无法利用有效的地标线索,比如在沙漠中行进,或者在墙壁雷同的迷宫中寻

找目的地时，才会选择通过路径整合获得关于环境的结构知识。

在动物和人类的空间巡航中，路径整合常常是作为"备用与参考的系统"。动物在条件允许时更倾向于使用地标线索，但是当地标线索失效或者不确定时，也可以使用路径整合，并且此时路径整合可以帮助动物探测和确认地标等线索是否可靠以及是否可以使用。而对于人类的路径整合，则存在路径整合的认知地图假说，即人可以通过多个独立的路径整合而对环境中的多个位置进行空间更新，获得环境的动态认知地图。并且，在这个过程之中，地标信息可以被巡航者用来重置或校正路径整合系统。可以看出，路径整合和地标学习既相互依赖又共同作用，最终使空间巡航者拥有一致的空间表征。

可以看出，地标系统与自身运动的路径整合系统是一种补偿关系，二者同时存在时，人类及动物能整合这两种信息从而弥补单一信息加工不足的缺陷。在真实的生物进化中，自然环境中各种信息尽管同时存在，但并非永久有效、稳定存在，生物对不同的信息加工不完全，很可能是一种生物适应策略。在自然环境中，地标并不总是可靠、稳定和有效的，而自身运动信息也常常不精准且效率低，因此动物不能只依赖其中一种，除非另一种信息缺失或者不可靠。而每一种信息都加工完全需要耗费大量的心理资源，且不利于灵活转换对各种信息的使用，尤其在信息冲突的情况下。更重要的是，加工空间信息并不是巡航的目的，巡航的主要目的在于觅食及逃避敌害，其次才是记住食物的位置和返巢的路线。如果各种空间信息都加工完全，那么势必会减少其他行为的认知资源，从而损害其他行为表现。从生物进化的角度来看，地标系统和路径整合系统如果同时被加工，动物和人类为了空间巡航的整体效益最大化，那么选择两种系统互补的方式进行空间巡航是更助于适应环境，这符合进化的观点。

（二）认知资源理论

基于双作业研究，即个体在同一时间进行两种作业，中枢能量模型提出了不同的看法。从注意分配的角度，相比个体仅仅运用某一种系统加工，个体同时运用两个系统进行加工的效率是更低的，这是因为个体能够用于加工的资源总量是有限的。模型假定，中枢能量是有限的资源，如果两个任务对资源的要求超过了中枢的能量，那么两者会互相干扰。该模型的前提是认知资源有限性。认知资源有限性指人在对刺激进行分类、识别等加工的认知活动时受到心理能量的限制。影响资源有效的因素有：①资源数量会随着情绪、药物、肌肉紧张等因素的作用而变化；②刺激的识别过程需要若干资源；③资源分配受到个人的临时意向和长期意向的影响。

在这种认知资源有限性的观点下，相比同时加工两种信息的巡航者，仅加工地标的巡航者的地标学习更稳固有效。同理，仅加工自身运动信息的巡航者的路径整合更稳固有效。这是由于个体的认知资源总量是有限的，每项心理活动势必会使另一项心理活动的认知资源减少，从而干扰另一项心理活动。由于地标学习与路径整合是位于两个不同加工通道的认知过程，因此在认知资源有限的情况下，个体很难同时完全加工两种信息，通常会基于环境中两种信息的显著程度、可靠程度及可利用程度，按照恰当的比例合理分配认知资源，这种选择过程通常是无意识的。两种信息加工的过程表现出拮抗性，当一种信息不可靠或不可利用时，另一种信息就有机会占用更多的认知资源，获得更完全的认知加工；而两种信息都可靠并都可利用时，两种信息便都会占用认知资源并且表现出竞争，从而使每一种信息加工都不完全。从资源有限性的角度来看，地标系统和路径整合系统如果同时被加工，动物和人类的空间巡航效率不如单独被加工的空间巡航效率更好，这符合研究的认知资源有限性观点。

（三）神经科学理论

目前有三种理论模型对两类信息加工的方式进行了解释：独立输入、多模型表征、两种状态理论。

1. 两种加工系统的竞争

独立输入模型理论认为，内感信息会被整合形成内感表征，用来指示运动方向；视觉输入形成视觉表征，用来校正累积错误，提供定位信息或改变方向，个体运动是由视觉表征或内感表征引导。研究者在虚拟环境中定目标或中途设置地标以考察人类在中等尺度的空间中是否建立巡航知识，是否只依靠基于地标的信息进行巡航。结果发现，无论地标聚集在目标附近还是捷径的两旁，被试都会被地标牵引。然而，当地标看起来不可靠时，被试会依靠来自路径整合的认知地图的经验知识做出判断。据此，他们认为人类在巡航过程中能依靠路径整合获得地图知识，但不能整合地标信息以形成精确的认知地图，因此只能仅依赖地标或者路径整合进行巡航。

事实上，个体对于两种线索的选择是基于现实的巡航条件的。研究者通过操作地标和自身运动信息的有无，对三组被试（成年人、4~5岁组儿童和7~8岁组儿童）在线索冲突条件下对两种信息的依赖程度进行测试。研究发现，成年人会采用最优化加权的方式整合两种线索以减少变化范围，而儿童的行为模式是二选一。进一步研究发现，人类会按照贝叶斯整合理论来整合两种线索引导空间巡航。在两种信息都存在且可靠的条件下，地标信息在巡航过程中占主导地位，但是自身运动信息也得到加工，即路径整合也参与巡航过程。

从独立输入模型的角度来看，地标系统和路径整合系统如果同时被加工，动物和人类对两个加工系统的使用有主次之分，会基于当前情境有不同的优先级，这其实包含两种加工系统存在的竞争。

2. 两种加工系统的协作

多模型表征和两种状态理论都认为个体能够同时加工两种信息，这与独立输入模型理论认为个体只能进行地标或者路径整合完成空间任务的看法是不一样的。

多模型表征理论认为，外部视觉线索与自身被试都是运动信息相互作用，视觉输入表征和内部感觉表征结合形成一个多模型表征，多模型表征引领空间巡航，其与视觉形象或认知地图的作用一致。在拟真的虚拟现实中，研究者通过操纵视觉投影的旋转或平移增益，将视觉输入从运动相关的内部感觉分离。返回起点任务结果显示，外出路径中的视觉和本体感觉信息有助于被试者在黑暗中返回起点，路径完成任务结果符合多模型表征的预测。

随着网格细胞的发现，认知地图存在且位于海马区的观点得到了广泛认同，在此基础上出现了两种状态理论：在白天，当地标信息到达海马区后，对该区的返回信号首先会抑制自身运动信息的接收和传入，只有当视觉线索冲突，即不同地标线索指示的位置不一致时返回信号会接触自身运动信息的接受和传入，使路径整合加工得以完成。这种状态下，海马区的活动主要由地标信息引起而不是由自身运动信息引起。而在黑暗中，由于视觉输入的地标信息加工受阻，因此海马区的返回通路受抑制，自身运动信息的接受和传入抑制解除，路径整合在空间巡航中发挥作用。在这种状态下，自身运动线索决定海马区的活动，并控制着位置细胞的激活。

两种线索同时参与巡航时对空间巡航表现的影响是怎样的？同时使用两种线索的空间巡航与只使用单一线索使用的空间巡航相比，表现是否更好？

首先，根据日常经历，我们在白天的巡航表现通常会优于在黑夜中的，而黑暗中主要利用自身运动信息。其次，与只利用路径整合信息相比，人类利用记忆中的地标，无论与路径整合信息一致还是不一致，均可显著提高定位的精确度。研究发现，一旦个体习得了地标与目标之间的联系，即使地标的有效性不高的情形下，巡航者仍会利用这种地标与目的地的联系进行巡航，但自身运动信息的权重会提高以更好地巡航，所以同时利用两种信息比利用单一地标信息的巡航表现好。因此，当两种信息一致时，人类会整合两种信息，故同时利用两种信息的巡航表现显著优于利用单一自身运动信息的巡航表现。从多模型表征和两种状态理论的角度来看，地标系统和路径整合系统如果同时被加工，动物和人类对两个加工系统的使用有增益效果，这其实包含两种加工系统存在协同。

比较上述认知神经科学的三种理论，可以发现无论是独立输入模型理论、多模型表征理论，还是两种状态理论，三者都认为巡航者会加工自身运动信息与地标信息，但是关于在两种信息都可用的环境中巡航者是否同时加工两种信息，三者存在本质区别。独立输入模型理论和多模型表征理论都认为巡航者会同时加工两种信息，只是独立输入模型认为巡航条件引起了两种信息表征先后起作用引导巡航运动。在不同巡航条件，巡航者的表现不同是由于巡航策略不同而选择某种信息表征。而多模型表征理论认为两种信息表征先结合形成多模型表征，再由多模型表征引导运动。两种状态理论则认为，地标加工具有等级优先性，当地标存在且可靠时只加工地标信息，而自身运动信息只在黑暗和视觉线索冲突的情况下得到加工。

三、地标系统和路径整合系统的研究展望

（一）返航向量理论对编码误差的解释

返航向量在未来人类巡航理论的进一步研究中面临的难题是，人类是如何整合基于返航向量的路径整合信息和地标信息来存储空间知识以完成空间巡航。先前的人类空间巡航更多强调基于地标信息的视觉更新，存储了有关环境的空间表征。那么基于路径整合的空间经验，尤其是与特定目的地的几何向量的空间更新，对于认知地图的贡献尚不清楚。路径整合为个体在空间巡航过程中提供了重要的空间信息，比如如何追踪实时位置以及在没有地标

时如何调整以适应空间巡航。但是在远离起点的行驶过程中，由于每个位置都实时进行了向量更新，这种向量编码有何种属性，在空间巡航中如何发挥作用？有研究提出人类路径整合的误差源于编码而非计算和提取返航路径。按照这种逻辑，那么研究路径整合的编码误差就是一个非常关键的议题。这种编码误差的出现对人类认知地图的获得非常关键，可能会影响人类将路径整合和地标导航的信息进行选择和组合而形成内在认知地图的过程。而这种编码误差可能还影响个体空间巡航对认知地图的编码和提取。当有地标参与空间编码时，这种返航向量编码又是以何种方式适应空间巡航的。这些都是值得进一步探究的问题。

（二）动物和人类的路径整合系统的比较研究

有趣的是，尽管人类可以进行路径整合，但是其路径整合的成绩却往往不如动物的路径整合成绩。一种可能是因为人类和其它动物的路径整合研究在方法学上存在差异，例如，在路径完成任务中人没有机会主动选择自己要走的路径，而动物的觅食研究中则有机会自己择路。另一种可能解释是人类自身主动选择了视觉相关的空间信息而非通过路径整合完成空间巡航任务。视力正常的人类在日常生活中往往依赖视觉信息来完成空间任务，由于缺乏对路径整合进行练习的机会而导致人类的路径整合能力不如动物。在这种用练习解释人类的路径整合的观点下，一种可能的研究思路是检验人类被试路径整合中是否存在学习效应。具体而言就是，即检验人类多次反复地经历同样的外出路径并进行路径整合，能否提高他们的任务绩效。如果重复地在相同空间布局的外出路径上进行路径返回任务可以提高被试的任务表现，则说明人类的路径整合能力是可以通过训练得到提高的。而这一结果也从侧面说明，人的路径整合能力不如动物很可能是因为人在日常生活中依赖于地标学习，而缺乏进行路径整合实践和练习的机会。

（三）新的研究技术和指标

未来对地标学习与路径整合关系的考察，可以通过引入更加适配的研究技术和指标，获得更清晰的研究结果。对人类的考察可应用虚拟现实技术，对动物的考察可采用迷宫范式。与行为学指标相比，电生理学指标更灵敏，故可结合行为学指标和电生理学指标（如位置细胞的放电频率和稳定性等）进行考察。

（四）外部线索对加工过程的影响

对地标的选择和设置、对两种线索的分离，以及对信息加工的考察将是研究中的难点，需研究者根据具体实验条件进行解决。而地标学习与路径整合的关系是否受到其他因素的影响，是研究者在今后的研究中需要考虑和注意的地方。如巡航者的性别、年龄、生长环境的拥挤程度，以及巡航环境中的其他外部线索（如嗅觉线索）。巡航者的自身因素主要影响其对空间信息的敏感程度和依赖程度，如前人研究表明雌性和雄性动物对不同空间信息的依赖程度和敏感程度不同，并且不同信息间的作用方式也不同。而其他的外部线索会影响空间编码，研究者发现空间嗅觉学习有助于海马位置野（place field）的形成。另外，对人类空间巡航的过程而言，语言也可能影响其对地标与自身运动信息的加工利用。

第三节 空间能力的认知策略

人类在外部环境线索和内部知识经验的共同作用下，其空间探索的过程表现出不同的策略。个体完成各种空间活动的策略加工和选择机制是怎样的？本章将对这些问题进行介绍。

一、空间参照系的策略加工

尽管人类在空间任务活动中所使用的策略各有不同，但是这些策略可以基于空间参照系的不同分为两类：自我参照系和客体参照系。两类空间参照系的策略稳定地出现在个体不同年龄发展阶段的不同空间探索活动中，那么自我参照系策略和客体参照系策略各自的加工过程是怎样的？首先来介绍两种空间参照系框架下的认知加工机制。对两种空间参照系的研究广泛地出现心理旋转、场景加工、观点采择、空间巡航等不同的空间任务活动中，积累了丰富的研究成果。

（一）心理旋转与空间参照系

研究者不仅以经典的抽象几何图形、字母、物体图片等客体刺激为实验材料进行心理旋转任务的研究，同时以手、脚等身体部位图片作为实验刺激也进行心理旋转任务。这些研究发现了心理旋转这类任务特有的效应：根据转换依赖的参照系不同，人们将空间转换分为了自我中心视角的心理旋转和客体中心的心理旋转。

在基于自我中心的视角转换中，在身体部位心理旋转引发被试进行自我中心视角转换，个体想象的是自己或自己身体的一部分在空间中旋转。在想象旋转过程中观察者不断调整自身相对于环境的空间关系，依赖的是运动表象，此时运动觉、本体觉经验也会参与其中，影响任务表现。换言之，自我相对于客体中心参考框架和环境参考框架的关系更新，客体中心参考框架和环境参考框架的关系不变。基于物体的空间转换，有时也称为客体心理旋转和自我中心的视角转换。在基于物体的空间转换时，个体想象的往往是一个外在的客体在空间中发生旋转，此时想象过程中观察者的位置和视角不发生变化，而客体相对于观察者的空间关系不断调整。这一过程依赖于个体对于刺激的视觉表象的操作。换言之，客体相对于自我中心参考框架和环境参考框架的关系更新，自我中心参考框架和环境参考框架的关系不变。

这种对心理旋转的研究显示，人类视觉系统可以采取多种方式编码和加工表象，既可以以环境或物体为参照系，也可以以自我为参照系。比如，在生活中体育教练在进行"对侧"动作示范时，学生可以先想象自己的身体或肢体表象，将其旋转至教练的方位，或者先想象教练身体或肢体表象将其旋转至自己的方位，再确定该动作如何做才和教练示范一样。

这两类心理旋转具有许多共同特点。首先，无论是身体部位心理旋转还是客体心理旋转，作为一种心理旋转任务，进行的都是心理空间转换，即在头脑中想象外界物体或自身发生空间运动来推理物体或自身发生位移、旋转等空间转换后的结果。其次，心理空间转换都需要对刺激进行编码、确定刺激物的位置，都需要进行心理旋转等。最后，现实生活中的实例和研究表明，人类具有上述两类心理旋转操作的能力。这两种心理旋转在日常生活中是非常普遍的。从现象上来说，这是两种不同类型的心理旋转。因此，自我和物体为参照系的心理旋转是否有行为上的不同，并且这两类心理旋转是否有各自的生理基础，一直成为近年来的研究热点。

(二) 观点采择与空间参照系

有趣的是，与心理旋转存在自我中心和客体中心两种空间参照系类似，研究者发现在空间观点采择任务中，也出现了自我中心偏差和非自我中心偏差两种偏差效应。自我中心偏差是年幼儿童做空间观点采择时的一个明显的特点。然而，成年人的观点采择实验证据表明，不仅儿童有自我中心偏差，成年人身上也有这种自我中心偏差。当要求成年人完成复杂的观点采择任务时，也表现出了由自己视角造成的自我中心式的干扰。在一项计算机发布的任务中，成人被试需要在有时间限制的情况下，分别判断人偶和自己可以看到房间中点的数量。实验中，人偶看到点的数量与被试自己看到点的相等或者更少。结果发现，当被要求判断人偶视角看到点的数量时，如果被试自己看到的点与人偶看到点的数量不一致，那么他们的反应速度更慢，错误率更高。该结果表明，被试自己不一致的视角干扰了对人偶视角的判断，成年人也存在自我中心偏差。另一项观点采择的实验研究也证实了自我中心偏差影响。研究者在实验中向被试呈现四类图片，每张图片都包含一个一只手拿着黑球，另一只拿着白球的人偶，人偶面对或背对被试，黑球在人偶左手或右手。被试需要从人偶的视角判断黑球在人偶的哪只手上，而另一项任务是从自己的视角判断黑球的位置。实验结果反应为因变量时，出现了显著的一致性效应。结果发现，在判断他人视角的任务中，如果黑球相对自己的左右位置与相对人偶的左右位置不一致，那么他们的反应速度更慢。这表明在空间视角采择任务中出现了自我中心偏差。

被试之所以出现自我中心偏差，可能与被试在完成空间视角采择任务时使用的具身策略有关，即个体在心理上模拟自己的身体动作，以想象自己转换到他人的位置上。研究发现，当被试判断某物在他人的左边或右边时需要一种以自我为参照的心理旋转，且空间视角采择的速度和准确性会随着自己和目标视角间角度的增加而降低。当他人视角与自己视角一致时，被试可以方便快捷地使用具身策略。但是，当他人视角与自己视角不一致时，被试在做空间视角采择时需要经历一个复杂的过程。被试需要先将人偶放在以自我为参照的空间中，然后做视角采择，使被试想象的位置与人偶的位置相匹配，接着，将目标客体放置在对情景转换过的空间表征当中。最后，读取客体的坐标。因此，在不一致条件下，被试的反应速度更慢，错误率更高。由此可见，自我中心偏差的产生有内在的认知机制。

如果自我中心偏差对我们的认知和心理有影响的话，这种自我中心偏差在哪些情况下会消失呢？人类是否以及如何产生他人视角？进一步研究发现，当任务较简单时，年幼儿童在直接采取他人的视角时，会自动激活自己的视角，产生自我中心偏差。当任务较复杂时，年长儿童和成人在直接采取他人的视角时，也会自动激活自己的视角，产生自我中心偏差。但是，当研究者采用间接测量他人视角的方法时，发现了非自我中心偏差的效应。换言之，被试自动激活"他人视角"。与自我中心偏差不同，个体在采取自己的视角时，并不总会自动激活他人的视角，产生非自我中心偏差。也有研究者提出不同观点采择的效应，自我中心偏差（自我视角）和非自我中心偏差（他人视角）可能与被试完成任务时所使用的策略有关。在做空间视角采择时，当被试与他人之间的角度差异较低时，被试直接使用视角匹配策略，就不需要做视角旋转，将表现出自我中心偏差效应。同时，如果当被试与他人之间的角度差异较高时，被试需要使用视角旋转策略。这时被试需要做视角旋转，此时将表现出非自我中心偏差效应。因此，观点采择的偏差效应出现可能与被试完成任务时所使用的策略有关。因此，对空间观点采择任务所使用的策略进行进一步探究也将为探究该问题提供重要的依据。

（三）场景加工与空间参照系

人类对场景的加工也表现了对两种空间参照系的视角效应。即个体的空间巡航过程中，同时使用自我参照系框架下的场景编码和客体参照系框架下的场景编码。

自我参照系下的场景信息也称为视点依赖的场景编码，指对空间中同一位置的特定视点下的场景和地标进行位置识别，即对同一位置的相同视点信息的场景再认过程。客体参照系的场景信息编码也称为视点无关的场景编码，指对空间中同一位置的不同视点下的场景和地标进行位置识别，对涉及同一位置的不同视点信息的场景再认过程。根据生活经验，在日常生活中的场景再认和回忆时，人类总是很容易或者首先基于自己观察视点下的场景画面进行场景再认和回忆，很难脱离自己观察视点进行场景再认或回忆。

无论是基于视点依赖还是视点无关的场景再认都对我们的日常生活具有重要作用。对于视点依赖的场景加工而言，个体在完成设定的行驶路线过程中，常常需要依赖场景知觉水平的加工和表征，不断地提取当前场景信息并与记忆中的场景信息进行比对和判断。如果符合预期，则说明是熟悉的场景，个体能够判断当前处于熟悉的位置。如果不符合预期，则说明是不熟悉的场景，个体会重新更新位置和朝向信息、设计路线完成导航，依赖场景记忆水平的加工和表征。考虑到空间巡航过程中，任务情境和场景的快速变化和更新，场景线索并非一直存在，这需要对不同视点下的场景信息进行提取和整合，利用空间想象和空间记忆连接当前的场景和头脑中的场景，得到空间一致的内在完整空间表征来完成任务。研究者对视点依赖和视点无关的两种场景加工进行了大量的脑成像研究，将在下一章节详细阐述。

（四）空间巡航与参照系

在空间巡航过程中最富有争议也是最受关注的问题是，人类是如何形成表征环境中的认知地图？大量研究证实生物体空间巡航过程中所形成的空间表征包括自我参照系的空间表征和客体参照系的空间表征两类。这与之前心理旋转、观点采择和场景再认所发现的两类自我参照和客体参照的加工模式也是吻合的。事实上，个体在空间巡航过程中可能不同程度地涉及心理旋转、观点采择和场景再认等空间认知加工。由于人类的空间巡航包括了个体在环境中制订行驶计划，进行位置和朝向更新，以及空间迷向后重新定位并设定到达目的地的行驶计划一系列过程，这依赖于个体的定位、定向和动态更新功能，涉及与心理旋转、观点采择和场景再认相类似的认知过程，所以空间巡航可能是人类在真实生活情境中最富有综合性和整合性的空间认知活动。在空间巡航过程中出现两种空间参照系策略其实反映了不同空间认知加工的一种本质特性或共性规律：人类在空间认知活动中习惯采用自我参照系或者客体参照系的策略来完成空间任务。

早期动物空间巡航的电生理研究发现了动物经常使用两种空间位置策略：自我参照系引导的纹状体刺激—反应系统和客体参照系引导的海马体位置学习系统。自我参照系是生物体依赖自身身体（比如，眼睛、头和躯体）作为参照物来确定物体或者目的地的位置，比如，大鼠在岔路口右转找到食物或者人类经常使用固定转弯序列找到目的地，因此有时自我参照系形成的空间表征也称为路线表征。客体参照系是指生物体依赖于物体或者外在环境做参照物，比如，大鼠通过环境线索或者形成环境的认知地图来确定目标的位置，有时也称为地图表征。

有关两种空间参照系的表征和加工一直存在争议。一种观点认为存在独特的客体参照系表征，表现为我们能够形成环境的认知地图，使用捷径到达目的地。而另一种观点认为并没有独特的客体参照系，客体参照系表征和自我参照系表征是情景记忆的不同组合方式，通过不断地学习自我参照系的路线表征，个体就形成了客体参照系的地图表征。一个证据就是动物电生理发现的重放现象，但是如何解释动物的脑电活动中同时存在重放曾经走过的路线和创造未走过的路径，尚没有答案，两种路线是属于不同的记忆还是属于相同的记忆中不同的阶段，仍然没有答案。

二、空间参照系的选择机制

本部分主要介绍个体是如何选择自我参照系策略或者客体参照系策略来完成空间活动，介绍空间参照系的实验研究和研究成果。

（一）空间参照系的选择机制研究

由于人类的空间巡航并非通过单一的认知加工就可以完成，而是依赖一系列复杂的空间加工子过程的选择、组合和衔接过程才得以实现。这一系列复杂的空间加工子过程也出现在了心理旋转、观点采择和场景再认任务中，因此本部分以人类空间巡航这一典型、具有代表性的空间任务来研究空间参照系选择机制研究。

在所有的空间巡航任务中，经典的空间巡航范式通常包含了学习阶段和测试阶段，学习阶段要求通过重复空间巡航任务来获得环境的空间信息；而测试阶段目的在于测试动物对于环境空间信息的记忆情况。有关空间巡航参照系策略的探究即在测试阶段，而在所有动物和人类的空间巡航和空间参照系研究中，一个重要且困难的问题是：如何确定被试当前使用的空间参照系？这个问题也可以概括为空间参照系的选择机制研究。

研究者为了在实验中确定被试所使用的空间参照系，采用了两类研究思路，一种是实验指定，指定被试使用一种空间参照系策略；另一种是实验测量，由被试自发选择一种空间参照系策略。在实验指定的研究思路下，被试只能被动学习不同的空间参照系，由实验进行控制。在这类实验范式中，为了控制被试学习不同的参照系，研究者常常通过指定不同任务类型或者不同指导语而控制被试学习策略。即被试只能被动地按照某种空间参照系完成空间巡航任务，通过实验指定不同空间参照系的任务类型或者不同指导语而控制被试的空间参照系。比如被试自由探索环境或学习固定路线而分别进行客体参照系和自我参照系学习，或者在被试看固定的视频中，指导语要求被试者依据是否形成认知地图而分别进行客体参照系和自我参照系的学习。这类研究对被试的场景观察和空间学习方式进行了很好的控制，但由于被试不能主动选择自己的巡航策略，我们并不清楚个体在真实生活情境中是如何选择不同空间参照系，降低了研究的外部效度。并且研究发现个体有意控制的学习相比被动的学习能够提高记忆表现，这是因为个体的意志控制能够优化特定神经系统。这显示了个体主动探索环境可能激发了完全不同于被动地学习环境的神经响应。

在实验测量的研究思路下，被试主动选择参照系策略，通过事后的实验测量或者记录被试者的口头报告来确定被试学习时采用的空间参照系。在这类实验范式中，被试主动地选择空间参照系，这种实验思路保证了外部效度同时也给被试的空间参照系测量带来了困难。即被试自己决定选择使用某种空间参照系，通过实验探测或者实验访谈来确定被试空间巡航采用的空间参照系。早期研究通过实验访谈中被试的口语报告来测量空间参照系，但这种方法容易受到被试主观判断的影响。近来研究借鉴动物研究的思路，通过实验探测被试的行为轨迹来测量空间巡航参照系，这种方法提高测量的客观性。典型的是动物的十字迷宫和人类的星形迷宫与棋盘格迷宫研究。十字迷宫包括东南西北四个朝向的放射型外臂，迷宫四周设置有不同的场景线索。学习阶段大鼠从南侧进入寻找迷宫西侧的目的地；探测阶段，大鼠在不知情的情况从北侧进入迷宫。实验逻辑是，如果大鼠继续在西侧寻找食物判断其利用场景线索进行位置学习，表现为客体参照系；如果大鼠在东侧寻找食物判断其利用身体左转的动作线索进行反应学习，表现为自我参照系。星形迷宫采用类似的实验逻辑，学习阶段被试随意地学习从某个起点出发，使用"右左右"或者"认知地图"的线索来寻找目的地。探测阶段，在被试不知情的情况下改变进入迷宫的起点。如果被试到达练习的目的地，推断他们依靠客体参照系学习；如果被试到达新起点对应"右左右"到达的新目的地，推断他们依赖自我参照系学习。棋盘格迷宫与十字迷宫、星形迷宫的研究逻辑类似。通过被试测试中的行为表现来还原其在学习的空间参照系，研究者发现动物和人类的空间巡航参照系有相似性。

（二）空间参照系选择的影响因素——外部环境

个体对空间参照系的选择受到了不同因素的影响，这些因素主要分为两大类：外部环境和主体自身。

1. 地标和地标排列影响空间参照系选择

总结动物和人类的空间巡航和空间参照系研究，视觉的地标线索对人类空间参照系的选择有重要的作用和价值。研究强调场景中的地标和地标排列对人类空间参照系选择的重要性。研究探讨了起点地标和地标排列对空间参照系选择的作用机制。①起点地标调节空间参照系选择的作用机制。起点场景不同的条件下，被试者判断起点位置改变从而重新确定当前位置，形成视点无关的场景表征，表现为客体参照系。起点场景相似的条件下，被试看到起点地标相同认为是相同位置，利用视点依赖的场景表征，直接提取熟悉的路线表征，表现为自我参照系。②地标排列调节空间参照系的作用机制。线索突出的迷宫条件下，尽管探测起点地标和练习起点地标相似，但是由于自我参照系相关的序列动作与客体参照系相关的序列地标关联冲突导致被试迷向，因此被试选择依靠环境的地标关联来确定当前的准确位置，表现为客体参照系策略。而在线索不突出的迷宫条件下，自我参照系相关的序列动作与客体参照系相关的序列地标关联没有冲突，个体选择任何一种方式都能到达相同目的地。

2. 决策点地标影响空间参照系选择

决策点对空间参照系选择的影响受到了研究者的较多关注。可以是单一的决策点，或者是多个决策点的联合。路线中的决策点研究，为什么需要考虑决策点的地标？这很可能是个体在空间巡航中认知地图形成的关键。考虑到空间巡航的决策点地标可能不仅是视觉信息的加工，因为决策点地标在路径整合中也是一个非常关键的决策点位置，因此对照先前研究，我们的一种思考是，人类不仅存在对单一的动作反应策略进行空间学习，也存在一个序列的动作反应程序帮助个体完成导航。这种序列动作区别于"路径整合"和"刺激—反应序列链"。具体而言，这种加工不同于路径整合，因为其需要实时在线加工。而这个序列动作在出发前就已经建立完成，类似于一个预先设立的动作程序，起点位置开启后将自动运行。这种加工不同于一系列相继发生的"刺激—反应序列链"，是由于这一系列的刺激反应彼此之间无关且独立，尽管作者定义这种路线策略是一个序列动作。

3. 场景视点影响空间参照系选择

在空间巡航活动中，个体首先要进行空间定位，即判断他所处的位置才能决定接下来的动作。他可以通过一个场景或者视点依赖的系统再认一个独特的位置，而无须更多的空间知识。这种认知过程称为位置识别，位置识别常常通过场景再认来完成。场景识别是一种提取场景信息的方式，也称为场景再认。场景再认是指人们对感知过、思考过或体验过的场景事物，当它再度呈现时仍能认识的心理过程。已有的大量研究表明，很多场景再认实验结果表明，场景再认也存在着朝向依赖性，即场景再认是依赖于观察视点的，它可能是通过对表象的心理旋转来实现的。这种视点依赖的场景也被称为自我参照系的场景再认。

（三）空间参照系选择的影响因素——主体自身

1. 主体的生理感官影响空间参照系选择

具体而言，首先在空间活动的感知觉信息输入水平上，人类和动物的感觉运动系统先天优势不同。相比大鼠和猩猩等动物，人类的运动能力有限，因此人类在空间巡航过程表现出更强的视觉加工，以及视觉加工相关的空间想象和空间推理等空间思维活动，空间参照系的选择和加工更为灵活。而动物在空间巡航中表现更强的运动依赖，由于动物在运动中的视野有限，因此其空间巡航过程更依赖发达的空间运动细胞来进行定位、定向和动态更新，导致空间巡航策略相对固化稳定、较少表现出思维的灵活性。

主体的运动信息反馈影响参照系选择。值得注意的是，并非只有地标对参照系的加工有影响，路径整合对不同空间参照系的更新也有影响，本部分做简单探讨。研究发现空间布局的重复路径整合提高了路径整合表现的结果，不足以用来判断路径整合的空间表征和空间更新机制是怎样的，因为这种空间更新有可能是自我中心，也可能是客体中心的。如果个体的空间表征是以自身为参考系的，当其运动时则需要对这样的表征进行更新，如果个体不是以自身为参考系甚或是对周围环境拥有一个认知地图，运动时只需更新自身在该地图中的位置和朝向。这两种空间更新都可以支持人们进行路径整合。如果是以自我为参考系，人们在运动中以自身位置为参照点，则需更新外出路径的起点相对于自身的位置和朝向。如果不以自我为参考系，人们在运动中可以外出路径的起点为参照点，更新自己相对于起点的位置和朝向。而后一种路径整合的方式，则很有可能依赖于被试对外出路径的空间布局的内部表征。研究发现被试重复接触同样空间布局的外出路径对两种类型的空间更新都有帮助。一方面，重复接触同样布局的外出路径，可以增进被试对于该环境的知识和经验。这样的知识和经验已经被证实对被试的距离估计和寻路任务表现有帮助，也有可能对以自我为参照系的空间更新有帮助。另一方面，重复接触同样布局的外出路径，也可能使被试对这些外出路径有更好的内在表征，从而促进不以自我为参照系的空间更新。毋庸质疑的是，无论使用以上两种空间更新中的哪一种来进行路径整合，都可受益于本研究所揭示的学习效应。

2. 主体的认知状态影响空间参照系选择

比如个体在迷向和不迷向的情况下会采用不同的空间参照系策略。个体在什么情况会使用自我参照系呢？研究显示，当环境中的场景线索提示当前环境是一个熟悉的场景，此时个体没有迷向时，个体倾向于选择自我参照系。这是因为自我参照系相关的线索和客体参照相关的线索一致，考虑到时间因素和知觉负载，自我参照系由于具有更小的记忆负载，一般情况下只需要记忆左右，个体更容易通达和提取这种自我参照系的记忆表征到达目的地。因此在没有迷向时，被试者选择更快、更直接的自我参照系到达目的地，只有少量被试愿意花费"额外"的认知加工，比如通过环境观察来到客体参照系的目的地。他们在巡航中多次改变视点来确定目标位置，这一结果也吻合眼动研究的发现，积极主动地眼动预测客体参照系策略的使用。相反，如果个体在一个很容易迷向的环境中，此时个体可能已经迷向了，个体倾向于选择客体参照系。这时由于自我参照相关的线索和客体参照相关的线索产生了冲突，导致了被试者迷向，被试者会选择那种更准确的方式，而不是更容易的方式。个体调用长时记忆中存储的抽象的环境地图来巡航，因为这种表征更具有整体属性能够帮助个体确定当前位置，并设定到达目标位置的捷径。

3. 主体的生活经验影响空间参照系选择

不同个体在空间活动的任务目的和期望水平，对空间活动目的的知识和经验是不同的。比如人类和动物进行空间巡航时，相比动物，人类个体对自己所完成的空间任务更主动，目标也更为多样，受自身的情感、态度、价值观念影响更为丰富多变，这些在动物实验研究中是较难以控制和进行研究的。人类社会和动物群体的生活场景不同，人类的空间活动目的非常丰富，包括了最基本的空间感知认知活动，如够取、抓握、寻物和到达目的地，也包含了非常复杂的涉及空间推理、空间建筑和艺术创造等活动。而动物更多的空间活动是受制于觅食,即能够寻找到食物并且能找到自己的洞穴等住所。因此不同的空间活动的目的导致了人类和动物进行空间活动的经验和活动场所不同。人类能够将不同空间环境下的场景线索联结相对应的生活功能,促进人类的空间活动,这与动物是不同的。比如,当人类看到办公桌清楚自己当前位置是在办公室而不是游乐场,看到摩天轮清楚自己是在游乐场而不是在办公室。因此,人类空间巡航的研究在类推、应用和验证动物研究发现的同时,必须考虑人类的生活场景对不同空间巡航策略的影响,尤其要考虑到生活场景对于人类认知地图构建的重要性。

三、空间参照系的研究展望

(一) 观点采择随着年龄发展的变化趋势

成人的空间视角采择为什么可以自动加工?这也存在两种可能性。一种可能是,空间视角采择的自动性并非一开始就是自动的,而是由于成人不断重复地练习才产生了这种自动加工。另一种可能是,在成人身上观察到的这种自动性反映了一种对空间视角采择的有效认知加工过程,这种加工过程在婴儿阶段就已经存在。探究人类空间观点采择自动性的发展趋势,将为探究该问题提供重要的依据。同时,结合在心理旋转和观点采择都出现的这种参照系效应,这体现客体参照系的选择和使用可能与个体空间表象的认知发生机理有关。

(二) 两种空间参照系的神经机制差异

人类在空间活动过程中是以自我参照系还是以环境参照系来表征,是当前空间认知领域争论的热点问题。自我参照系认为个体对环境的物体位置是相对于观察者自己(如眼睛、头和躯体等)来表征的,空间表征会随着观察者的运动而不断更新。客体参照系认为个体对环境的物体位置是相对于环境中其他物体(如标志性建筑、主要道路等)来表征的,人的运动并不会更新空间表征本身。那么真实的空间巡航运动过程中,个体需要实时地对当前的位置进行空间更新,这种情况下的两种参照系加工有无不同?研究显示阿尔茨海默症(Alzheimer's disease,AD,又称原发性老年痴呆症)患者在发病早期存在客体参照系相关的认知损伤。那么两种客体参照系究竟有无差别呢?有研究结果发现,两种参照系的巡航表现在巡航时间、巡航速度和距离误差

空间能力研究与教育启示

方面没有显著差异,据此推断两种巡航参照系在空间巡航中并无优劣之分。但是,值得关注的是该结果也发现,使用客体参照系的被试相比使用自我参照系的被试在巡航过程中表现出了更多对环境中参照物的观察,那么这种观察究竟是编码环境中的什么信息,是编码地标吗?如果是编码地标,那么对巡航者的空间经验有无影响?

(三) 不同几何信息对空间参照系选择的影响

研究发现,整个巡航过程,两种空间参照系的被试的距离误差的差异是不显著的。但是这种路径距离误差反映了迷宫的路径距离,反映了对迷宫局部几何信息的加工。那么有关迷宫目标的向量距离的差异是否显著?因为这种向量距离误差反映了当前位置到迷宫终点的向量距离,反映了对迷宫整体几何信息的加工。考虑到路径整合的返回向量的编码作用,有理由怀疑两种空间参照系的被试者的向量误差的差异很可能是显著的。这需要进一步研究。

第七章 空间能力的神经系统研究

人类进行空间探索依赖特定的认知结构研究，同时在此基础之上进行复杂的加工过程。这种认知结构和加工过程在大脑水平是怎样的？由于人类空间巡航在真实空间活动的综合性和复杂性，本章将以空间巡航的脑研究为对象并对其进行介绍。

第一节 空间能力的神经结构

在认知层面上，空间能力的认知研究核心问题是：人类空间经验的认知结构是什么？是如何表征？这一问题反映在脑神经层面就是：人类空间经验的神经结构是什么？神经结构是如何表征信息？

一、空间巡航的神经结构

（一）特征模块的神经结构

1. 基于地标的位置识别

人类空间巡航的加工过程始于位置识别，如果是曾经到过的地点则涉及位置再认。在个体在空间巡航初期，其外在行为表现是静止，而内在认知过程主要是通过自我参照系或者客体参照系条件下的空间表征来确定个体的当前位置、目标位置，并初步计划到达导航的空间路线。个体的空间巡航中离不开位置识别，基于物体和场景的位置识别提供了巡航者当前的位置、目标位置等信息。其中，场景的地标能够帮助个体确认自己当前所处的位置，通过地标被确认自己位置的过程被称为位置再认。地标识别在位置识别中之所以如此可靠并且重要，在于地标为巡航者提供了一个相对于目标的稳定朝向。单个地标提供位置信息与枕叶的位置识别有关。外侧枕叶主要负责加工场景的项目，通过单个地标进行位置识别存在一个误区是：对于那些有相同地标内容的场景个体容易混淆。

2. 地标间联系的决策点位置识别

在空间巡航过程中决策点位置起着非同寻常的意义。空间巡航的岔路口位置是个体做出决策的关键位置，在这些位置被试者确定身体转弯方向和路线是否正确，因此这些位置被称为决策点。决策点的地标参与了两种空间参照系的转换。当空间巡航者把环境中的简单位置转换成目标相关的位置时，在这些位置需要做出左转、右转还是前行的决策，这些位置的场景线索功能超出了一般的位置识别，成为与空间巡航终点密切相关的决策点。决策点的编码涉及很多脑区之间的信息编码和信息传递，包括旁海马和后压。

旁海马能够自动编码个体在岔路口的决策点位置的地标，不需要记忆提取而是自动完成。并且旁海马对地标的编码还能够在一段时间保持，这种编码成为不同路线之间建立联结的基础。研究者发现相同的地标信息出现在不同的决策点位置时，右侧额中回参与了这种"误导信息的区分"。

后压部涉及对个体在空间巡航过程中沿着路线顺序出现在决策点的地标的编码，这种编码表明新学习到的真实世界的路线是以决策点来确定的。个体为了形成环境的认知地图，必须理解所经历的路径之间是如何交叉，并且在每一个地标位置根据目标位置的朝向在当前的多种可能转弯动作之中进行区分。这种从学习一条路线到学习多个部分叠加的路线可能是一个开始的信号，表明个体开始将序列的路线知识转成地图知识，而不是简单的联结一个地标和一个动作。这也就导致了个体在决策点更多观察环境可能与路线整合成地图有关，但是决策点的学习特殊效应主要是在学习初期出现。

3. 空间场景的加工

个体在完成既定的行驶路线过程中，需要不断地提取当前场景信息，依赖对当前场景的知觉。并且需要将记忆中的场景信息与当前的场景信息进行比对和判断，如果不符合路线中的预期，个体会重新更新位置和朝向信息，设计路线完成导航。在这个过程中，场景知觉行为依赖旁海马和后压的编码，而场景想象和记忆依赖前海马的编码完成。

旁海马和后压参与场景知觉加工。人类的场景识别可能涉及旁海马和后压的动态参与。旁海马和后压分别编码了视点依赖和视点无关的场景信息，这种对视点编码的不同，主要是由于二者的记忆功能不同。旁海马主要是时时加工而非离线回忆，该区与特定视点看到的视觉场景有关，是直接参与场景加工，而不是提取近期学习的空间表征。而后压部不仅可以时时加工且能够支持记忆提取，该区能够外显地回忆地标位置，可以刷新关联的脑活动并整合不同视点的场景信息，这使场景能够定位在一个更广的空间环境中，从而形成不依赖特定视点的有关环境的内在表征。人类场景加工的电生理研究发现，后压部的神经响应时间比旁海马回的神经响应时间更早，因此后压很可能对旁海马回有自上而下的调制作用。

前海马与场景想象和记忆。而考虑到空间巡航过程中，任务情境和场景的快速变化和更新，场景线索并非一直存在，这需要对不同视点下的场景信息进行提取和整合，利用空间想象连接当前的场景和头脑中的场景，得到空间一致的内在完整空间表征来完成任务。此时，仅依靠旁海马和后压的场景知觉是不够的，还需提取空间记忆的表征，前部海马可能抽象地参与这种整合加工。前部海马参与了场景想象，海马损失的病人能够理解出现在头脑中的想象场景画面的单独元素，但是却不能够将其在一个吻合一致的空间表征中连接场景元素形成整体排列，海马的这种功能得到了脑功能联结和元分析的研究支持。这意味着基于空间巡航任务需要形成空间一致的内在表征时，要结合海马能够对场景进行映射功能，因此海马事实上能够同时进行场景知觉和场景记忆相关的场景想象。

综上所述，旁海马和后压分别进行视点依赖和视点无关的场景知觉，并与海马的场景知觉和场景想象构成了空间巡航过程的局部神经环路，该环路能将不同场景元素进行整合，从而得到有关环境整体的空间关联，这是个体运用客体参照系完成空间巡航的神经基础。

（二）空间巡航的脑环路

空间巡航过程中，不同脑区参与并负责功能各异的神经编码，这些脑区之间互相的信息交流构成了空间巡航所依赖的神经环路，保证了空间巡航任务的成功完成。来自脑成像研究、神经心理和电生理研究表明，人类空间巡航依赖海马结构为中心的三个功能环路：信息输入和表征环路、动作输出环路以及目标相关的奖励环路。此处的海马结构是指包含海马亚区（海马1区、海马2区、海马3区）、齿状回、下托、前后下托和内嗅皮层在内的神经结构。

1. 信息输入和表征环路

在信息输入和表征环路中，大脑通过新皮层的层级投射关系将感知觉信息逐级输入海马，最终由海马结构表征。这种逐级传递信息分为三个阶段：第一个阶段是海马—皮层环路的来自额叶、顶叶和颞叶新皮层的不同感觉通道的空间信息通过双向纤维投射传到嗅周皮层和旁海马。其次，嗅周和旁海马的联合网络对多通道的感觉信息进行整合，随后将信息传入内嗅皮层，这是第二个阶段。最终，内嗅皮层将高度整合的新皮层信息以漏斗状集中投射海马。

根据感知觉输入的信息类型不同，该环路可分为两条通路：一条通路是当环境中的单个项目或者事件信息经嗅周皮层传入外侧内嗅区，再传入齿状回和海马3区进行整合，最终将有关项目和位置的联合信息传入海马1区。这条通路传递的信息可能更接近认知结构的特征模块信息。另一条通路加工空间信息，起源于由枕叶位置区输入的外在场景信息，通过和丘脑前核输入的运动和头向信息，经旁海马和后压部皮层最终传入内侧内嗅区，得到客体参照系的表征，最后直接传入海马1区。这条通路传递的信息可能更接近认知结构的几何模块信息。研究者根据外侧内嗅和内侧内嗅对空间信息编码的不同，指出前者到海马的通路是 what 通路，主要编码了物体相关的信息；而后者到海马的通路是 where 通路，主要编码了依赖于路径整合的运动和位置信息。

2. 动作输出环路

第二个功能通路负责将抽象的客体参照系表征转换为身体运动的动作表征格式，该环路的枢纽脑区是扣带回的后压部和后部顶叶。首先，后压部皮层的解剖位置使该区能够在内侧颞叶的客体参照信息和顶叶的自我参照信息之间进行信息传输。同时，后压部皮层自身能够同时编码自我参照系和客体参照系的空间表征，还负责编码环境中位置保持永恒不变的地标项目，同时对视觉和触觉通道传入的信息进行抽象地、全方位地整合，这表明后压部能够参与客体参照系表征。同时后压部皮层也能够编码序列动作信息，对路线中每个决策点的正确身体转向做出准备反应。最后，后压部皮层还连接了后部顶叶，而后部顶叶能够将内嗅的客体参照系表征换为控制身体动作的相应形式。此外，后压部皮层与背外侧前额相连接，后者能够提供关键的工作记忆输入以帮助完成这种参照系的转化。

3. 目标相关的奖励环路

最后一个功能环路是指空间记忆也涉及学习和奖励环路，主要依赖纹状体—海马—前额叶脑区。研究发现海马的神经元编码空间信息的同时，腹侧纹状体（或称伏隔核）的神经元负责编码目标预期和奖励相关的信息也被研究。当个体处于空间巡航的在线加工阶段，伏隔核的神经元通过 θ 相位迁移锁定那些能够得到奖励的海马神经元，并联合这些海马细胞对位置-奖励的关联表征进行标记。当个体处于空间巡航的离线阶段，伏隔核的神经元和海马神经元同步回放行驶过的轨迹序列，对关联表征进行固化。这提示空间记忆存在奖励机制。伏隔核能够接受来自腹侧被盖区的多巴胺神经元的投射，是大脑多种目标行为的奖励系统。在空间学习中，伏隔核和海马与内侧前额叶都存在直接投射，而内侧前额叶能够编码巡航目标，这意味着腹侧纹状体和海马的空间-奖励联合表征有可能受到内侧前额叶的反馈调控，通过前额叶自上而下的目标引导了空间学习和记忆的信息传输。

二、空间能力的神经表征

（一）特异化的神经网络表征空间参照系

研究者一直对不同空间参照系依赖特异性的神经网络有研究热情。空间巡航领域一个引起研究者关注的问题便是：人类空间巡航所依赖的自我空间参照系和客体参照系的神经环路是否相同？关于这一问题，主要有三种理论观点：独立说、交互说、共享说。

1. 独立说

这类观点强调两种空间参照系的神经结构是独立的、没有交互的。早期研究者力图区分两种空间参照系是否涉及不同的神经结构，其中一种主流的观点认为：与自我参照系相关的反应学习和与客体参照系相关的位置学习分别依赖纹状体和海马两个独立的神经结构，并得到了来自动物的迷宫、人类的行为和脑成像研究的支持。早期研究者常常使用十字迷宫任务来研究大鼠的空间学习和记忆。通常在这类范式的学习阶段，大鼠从迷宫南侧入口出发找到迷宫西侧的食物。随后的探测阶段，起点位置发生改变，大鼠不知道此时它们是从迷宫北侧出发。如果大鼠在迷宫东侧寻找食物，说明他们通过固定的行为反应来学习食物位置，比如，看见路口左转。相对应的这种自我参照系的空间表征在纹状体出现激活。如果大鼠在迷宫西侧寻找食物，说明他们通过食物在环境中的固定位置来确定目的地，这种客体参照系的空间表征在海马出现激活。

这种动作—反应学习和位置学习的双系统假说在人类研究中得到了验证。采用脑成像技术，研究者发现成年大学生完成八臂迷宫任务时，反应学习和位置学习策略分别在纹状体和海马出现激活。由于个体的空间学习是一个动态的表征，因此研究者引入了权重的概念从系统的角度描述空间学习在两个系统的变异。双系统假说的进一步发展提出人类的空间记忆学习表现为由动作反应系统和位置系统构成的连续体，二者具有不同的权重。当个体在学习阶段赋予动作反应系统更多的权重时，表现为纹状体更强的激活，且在测试时更多提取了自我参照系的路线知识。当个体在学习阶段赋予位置系统更多的权重时，海马出现更强的激活，且在测试时表现出更依赖客体参照系的地图表征。这些空间记忆的研究不仅表明生物体构建认知地图依赖海马，并且生物体具备同时使用路线知识和地图知识学习环境的能力。

后续研究提示人类的两种空间参照系的学习机制并非独立完成。这些质疑主要来自三个方面：第一，神经心理学研究提示，海马和纹状体存在代偿机制。亨廷顿病人纹状体活动逐渐降低，而海马的活动增强使个体得以维持正常的行为活动。但是该研究也提出，海马和纹状体的代偿是单向的。他们在路线任务表现并未受损，源于他们的海马活动增强可以很好代偿尾状核的功能。第二，脑形态学分析也提示，海马和纹状体存在竞争模式。研究者发现，位置学习者与反应学习者有更多的海马灰质，更少的尾状核灰质，并且海马灰质的体积和尾状核灰质的体积呈现负相关，表现出竞争的模式。且在位置学习者中，杏仁核、旁海马、内嗅、嗅周和眶额皮质与海马相连接，这些灰质显示出与海马灰质的共变性，即表现出与海马相似变化的特征。第三，脑成像研究发现，通过比较个体分别利用路线和地图编码空间信息的大脑激活，两种参照系的信息编码征用了共同的脑区，但是稍有不同。表现为地图编码激活的脑区是路线编码激活的脑区的子区，但是在颞下和后部顶上小叶有更强的激活。而特异于路线编码激活的脑区，包括了内侧颞叶、前部顶上小叶和中央后沟。

2. 交互说

该观点认为两种参照系有各自的神经网络，但是二者存在转换和交互。这种观点的主要支持来自两个方面：

第一，海马的重播支持了从自我参照系表征向客体参照系表征的转换。研究者提出，在空间巡航过程中有一个关键的转变，空间巡航者必须理解多条路径是如何交叉的，并且根据目标来区分一个地标多种可能的动作。依据动物电生理的证据，这种通过对有限路线的重复学习形成对环境认知地图的转换是依赖海马具有重播序列位置的细胞完成的。研究者发现当动物行驶过一个固定的行为轨迹后，位置细胞会按照类似的放电序列依次重复放电，这种现象叫作重播或者回。重播可能反应了海马的固化机制涉及认知地图的积极学习和保持。动物完成空间活动后进入睡眠阶段或者是清醒的静止状态时，海马的重播细胞会对经历过的空间序列位置形成的路线进行重放。除了重播行驶过的路线轨迹，个体有时会重播一些没有经历过的轨迹，常常表现为环境中的捷径序列。并且，当一个序列行为轨迹在空间巡航过程中较少重复行驶或者不太熟悉时，这类行为轨迹更可能经常发生重播，而对于频繁经过的行为轨迹则较少出现重播。这表明，海马的重播功能并不仅是对近来经验的简单复制，还会主动构建一些个体从来没有经历过的新颖序列，反映了所有在环境中可以通达的轨迹，支持了对于认知地图的积极学习和保持，从而使动物能够计划从来没有走过的新颖路线。这提示个体可以利用路线知识来转换和形成地图知识。

第二，叠加路线的编码。同时人类脑成像的研究还发现叠加路线的提取依靠海马、旁海马和眶额皮层的整合，而个体主动地在路线之间建立联结可能与内侧顶叶有关。此外，在个体需要从地图中提取路线应用当前的空间巡航任务时，内侧顶叶尤其是后压部可能涉及两种参照系的转换。一方面，后压与顶叶的7a和外侧顶内沟连接，能够转换成当前空间巡航需要的路线表现；另一方面，后压连接了内嗅、前下托部和后下托部、旁海马的内侧颞叶，能够快速提取记忆中的认知地图表征。因此，后压极好的解剖位置使该区能够在顶叶的自我参照信息和内颞的客体参照信息之间进行信息传输。

3. 共享说

这种观点认为两种参照系激活了相类似的脑网络，共享相同的神经网络，是通过多个脑区的交互而形成的动态表征。但是近来的研究却支持相同神经网络的动态联结模式可能表征了不同参照系。在学习编码阶段，被试序列学习两个地标的空间关联。在测试阶段，被试按照两种方式提取两个地标的空间关联：一种是严格的提取学习阶段配对的两个地标的空间朝向；另一种是灵活地提取学习阶段没有配对过的两个地标的空间朝向。结果表明，两种空间关联提取任务激活了相类似的脑网络，不同之处在于两种任务下不同脑区间的联结强度不同。值得一提的是，严格的提取任务的完成是不需要被试形成环境中任意两个地标的空间关联表征，但是灵活的提取任务的完成需要被试形成环境中任意两个地标的空间关联。也就是说灵活的提取任务与严格的提取任务的主要差别在于提取是否依赖环境的认知地图，灵活地提取任务是依赖环境的整体认知地图的，但是依赖地图提取相比不依赖地图提取并没有脑区的差异，仅是脑区间网络结构的改变。该结果说明自我参照系和客体参照系的神经结构并非是完全独立的脑区网络，而更可能是相同脑网络的动态迁移，即个体通过面对不同任务做出不同的联结方式而进行响应。

客体参照系和自我参照系更可能是一个跨时间、跨空间分布脑网络的整合加工，没有一个单独的脑区是参加客体参照或者自我参照过程，因为目前研究并没有很一致的证据表明，存在一种特异的脑区是只影响客体参照系表征而与自我参照系表征无关，或者反之。简而言之，两种空间参照系的表征更有可能是多个脑区交互网络的动态表征。

(二) 整合表征的方式提高加工效率

1. 地标系统内部的逐级整合表征

人类空间巡航形成认知地图过程中，还有一个问题值得关注的生物智慧就是逐级整合的思想。依靠场景和整合共同完成了认知地图的表征。这是因为空间巡航是一个动态过程，在不同时间、不同水平的场景信息整合对理解空间巡航参照系至关重要，场景线索在从个体中心的自我参照系表征转换到个体无关的客体参照系表征需要整合。

这其中至少包括了四个层面的整合：首先，个体对不同视点的同一场景信息的整合。在巡航过程的场景知觉中，整合促成个体从旁海马编码的视点依赖的自我参照系场景表征转换到后压编码的视点无关的客体参照系场景表征。其次，个体对不同场景元素的场景空间的整合。进一步将单独的场景元素组合成内在一致的场景空间表征则需要前部海马的参与。再次，个体对不同场景空间的巡航路径整合。这个场景空间表征能够时时地对空间巡航过程的路径整合误差进行校正和反馈，离不开海马和内嗅的神经环路。可以看出，在一次空间巡航过程中，旁海马、后压、海马和内嗅共同完成了场景的逐级整合机制。最后，个体对不同巡航路径的认知地图的整合。多次空间巡航的路线表征转换为有关环境的认知地图表征时，决策点的学习和整合依赖旁海马、后压、海马和额中回的神经环路共同完成，涉及海马和额顶网络的全脑神经网络。可以看出：整合和场景构成了认知地图形成的基础，整合反映了认知地图形成的逐级整合特性，而场景则是逐级整合的基本要素。

2. 地标系统对路径整合系统的编码校正

个体在空间巡航过程中，不仅依赖视觉系统输入的地标线索的识别，同时也需要自身运动的路径整合信息的识别，这两种加工在大脑中是如何完成的？回答这个问题的关键在于理解对人类空间巡航场景线索与路径整合的神经交互机制，一种观点认为是场景线索能够校正空间巡航的定位误差。个体在空间巡航中利用自身运动来定位主要是通过路径整合完成。路径整合是个体利用自身运动的本体信息来时时更新当前位置的速度和朝向信息。但是随着巡航时间和距离增强，累积得到需要整合的信息越来越多时，路径整合更新表征存在的误差会越来越大。而环境中位置恒定的地标和场景位置为距离更新提供精确有效的校正。

位置细胞和网格细胞的发现为个体利用地标线索校正路径整合误差的观点提供神经证据的支持。首先，在自由运动的大鼠的海马和齿状回存在位置细胞，能够编码环境中特定的空间位置。位置细胞放电率的相位变化可用来标示个体与目标位置的距离变化，这种位置细胞的特性被称为相位迁移现象，相位迁移能够对同一环境的不同目标位置进行区分，位置细胞还通过放电率的映射关系的变化来表示个体当前所处环境或者场景的变化。个体在某个特定环境进行空间活动时，只有部分海马的位置细胞进行放电；当个体进入一个新的环境中，会有另一部分海马的位置细胞放电。这种在不同环境或者场景，位置细胞按照特异空间映射关系进行放电的现象叫作重新映射。因此，海马通过相位迁移和重新映射分别编码了相同环境的不同位置和不同环境的信息。其次，在大鼠和人类的内嗅发现了网格细胞，网格细胞能够将周围的环境表征成精细的网格模式，对环境中的很多特定位置敏感并进行放电，被认为支持了空间巡航的路径整合。空间巡航的编码过程中，路径整合得到的网格细胞存在误差。海马联结了内嗅皮层传来的路径整合信息以及海马自身通过重新映射编码的场景信息，并将这种联结信息直接或者通过下托投射到内嗅皮层，对内嗅的路径整合误差进行反馈调节。海马的联结表征能够提供基点或锚，用于重置内嗅的路径整合在运动中形成的误差。通过海马的场景编码对内嗅皮层的反馈，内嗅的路径整合就得到了重新校正并保证了在每次测试中的稳定性。这种强调海马对内嗅有影响的证据是，研究者发现在海马没有激活后，网格细胞的活动变得不稳定，几分钟后空间结构表征也被完全破坏了。

第二节 空间能力的神经活动

如果我们了解了人类空间经验的神经结构是如何表征人类的空间认知行为，那么接下来一个重要的问题就是：大脑的这些神经结构又是以什么样的神经活动模式加工了人类空间的认知行为。可以从两个层面进行思考。

第一，人类空间经验的神经活动模式有哪些什么？

第二，人类空间经验的神经活动模式是如何加工信息？

一、空间巡航的神经活动模式

(一) 空间巡航的神经信号

动物和人类的空间信息编码中，不同频段能够编码不同的空间信息。研究表明，海马存在不同类型的空间加工相关的神经元，这些神经元表现出特定的神经震荡模式并且信息加工、巩固和提取阶段起着重要作用。

1. 空间巡航与 Theta 震荡

空间巡航过程中最重要、也是被研究最多的一个神经震荡类型是 Theta 震荡。Theta 震荡作为海马主要震荡模式，对空间信息的记忆具有重要贡献，表现在四个方面。①海马皮层的 Theta 震荡有助于个体在空间巡航过程中对空间信息的记忆编码和提取。研究发现，当个体在迷宫中面临空间巡航的任务难度增加时，Theta 震荡更突出。并且个体在积极空间巡航时，额叶、顶叶和颞叶等新皮层的 Theta 震荡的振幅增加，且与海马的 Theta 波活动显著相关，这种神经震荡的变化能够预测个体更积极的空间行为。②海马皮层和新皮层的 Theta 震荡还能够编码新颖的地标位置。先前人类空间巡航的脑磁研究发现，海马和旁海马通过 Theta 震荡来编码新环境或者新环境的结构属性。同时，头皮脑电研究还发现人类的额区 Theta 震荡能够编码新颖的物体位置。③皮层间的 Theta 震荡可能与个体信息整合有关。研究发现，个体在虚拟环境的空间巡航任务中，颞叶、额叶和顶叶等新皮层的 Theta 震荡振幅增加与海马的 Theta 震荡活动存在显著相关。研究显示，这种新皮层和海马的 Theta 震荡在注意与感知运动之间起着整合的作用。④Theta 震荡参与空间信息的记忆提取。研究者对颞叶和前额叶植入电极的癫痫病人的虚拟迷宫任务研究中，比较了病人在回忆和学习阶段的 Theta 活动。研究发现，相比学习阶段，病人在回忆阶段出现了更为频繁的 Theta 震荡。

2. 空间巡航与 alpha 震荡

（1）alpha 震荡的出现可能与记忆提取有关。研究者要求被试在经过有转弯的光学流隧道后，依靠自我参照系或者客体参照系进行空间定向。结果发现，被试在提取不同参照系信息做出定向反应的准备阶段，顶叶的 alpha 震荡功率发生显著变化，这种变化与提取自我参照系相关的定向正相关。并且顶叶通过 alpha 震荡的功率变化直接编码了个体在自我参照系相关的空间位移。也有研究发现，海马的 alpha 震荡功率变化也能够编码个体自我参照系相关的空间行为，这种顶叶和海马都出现的 alpha 震荡功率变化，可能提示了海马和顶叶形成了 alpha 震荡相关的神经环路，这需要在未来进一步研究检验。alpha 震荡和 Theta 震荡的共同出现可能反映了个体对熟悉环境的空间信息提取，以及定向到环境中有可能包含目标的位置。最早发现人类的 alpha 震荡参与记忆提取的研究是 2002 年的一项脑磁研究。该研究发现在巡航静止阶段，当被试试图从记忆中提取到达目的地路线时，出现了更强 alpha 波。而虚拟现实研究也发现当需要提取内在路线表征时，被试的右侧顶叶和枕叶脑区出现了显著的 alpha 震荡功率增强。

（2）alpha 震荡可能涉及个体的注意调节。动物的学习记忆研究发现，alpha 震荡和 Theta 震荡的注意调节能够在远距离范围的神经元群传输信息。研究者通过 alpha 震荡和 Theta 震荡的神经反馈训练，提升了舞蹈家和音乐家的表现能力。一种解释是个体在学习舞蹈和音乐活动时，需要在新项目和已存储的长时记忆形成认知联结，这种新的认知联结依赖于 alpha 震荡和 Theta 震荡在远距离的分布式的神经网络传输信息。alpha 震荡和 Theta 震荡的功率增加可以解释为海马的联结功能，表现为在不同脑区间建立协同联结，在远距离脑区分布式的脑网路之间形成创造性的认知联结，强化了对于当前认知运动行为编码，并且有可能像音乐和舞蹈一样成为一种习惯化的行为方式。

3. 空间巡航与 Gamma 震荡

空间巡航也依赖高频段的神经震荡，包括低频 Gamma（频率为 35～45Hz）和高频 Gamma（频率为 65～150Hz）。Gamma 震荡参与了空间记忆且与运动行为相关，能够对一系列的感知觉、概念信息进行编码，以表征特定的认知功能。先前研究认为，Gamma 震荡的幅值增强与人类对项目的成功编码有关。对人类空间巡航的脑磁研究发现，空间巡航表现优秀的个体，在学习新环境相比学习熟悉环境仅仅在高频 Gamma（50～100 Hz）震荡的幅值变化出现了差异，而在低频 Gamma（31～50Hz）震荡的幅值变化没有差异。而对于空间巡航表现较差的个体，在学习新环境和学习熟悉环境没有高频 Gamma 或者低频 Gamma 震荡的幅值变化差异。据此，研究者提出高频 Gamma 震荡的幅值变化能够直接编码环境中物体的位置，而低频 Gamma 震荡的幅值变化可能仅能够编码环境的新颖性。这项研究提示了两种 Gamma 震荡对空间表征的形成有不同的功能，高频 Gamma 震荡可能更特异于编码环境中的物体位置信息，低频 Gamma 震荡是一般性的编码环境信息。同时也提示了编码新颖环境和编码物体位置的不同神经响应。

（二）空间巡航的神经语言

动物和人类的空间信息编码中，不同频段能够编码不同的空间信息，那么不同频段之间的信息是如何交互的？这种频段之间的交互不仅包括相频段之间的相位同步，还包括不同频段之间的频间耦合，通过不同震荡之间的频率之间进行耦合这种交互来对不同空间信息进行整合。

1. 相同频段的相位同步现象

尽管研究者较早就发现，海马结构通过相同频段之间的相位同步在编码信息是一种非常重要的震荡现象。然而研究还发现不同皮层之间的相同频段间的相位同步。比如，研究发现癫痫病人在学习走虚拟迷宫的过程中，额叶和颞叶皮层都出现显著的高振幅的 Theta 慢波震荡。而海马 1 区和内侧前额叶也能够通过 Theta 震荡的相位同步来调节空间记忆。此外，旁海马与前额和楔前叶通过 1～4Hz 的低频共振特异地编码环境空间信息。这些研究进一步说明，海马结构和全脑新皮层之间都能够通过 Theta 震荡的相位同步来对空间信息进行记忆编码。

基于头皮脑电信号研究者得出的一种观点是：物体位置改变会引起两阶

段的信息加工。支持这种解释的证据是人类在虚拟现实的房间中学习物体位置，那些改变位置的物体相比没有改变位置的物体的头皮 EEG 信号表现出类似的两阶段效应。首先在 160ms，双侧枕顶区出现了更强的 ERP 负波；随后在 535ms，双侧枕区、顶区和额中区出现了更强的 ERP 负波。进一步，他们认为两阶段的 Theta 震荡可能反映了个体对于物体位置的编码。而有关海马、内侧颞叶和额叶通过 Theta 相位同步的动物电生理和人类颅内电脑研究也支持这种解释。

这种相位同步可能与海马能够对当前场景的多方面特征表征进行匹配-不匹配分析的理论有关。海马早期出现了低频活动，这可能反映了海马通过 Theta 震荡检测场景的匹配性，即检测当前起点的地标场景与先前巡航起点的地标场景是否匹配。

在空间导航任务中，Theta 震荡的不同频段还对应不同的信息编码方式。研究者发现，由正确回忆空间或者时间的序列所引起的持续增加的低频震荡相干明显地出现在 1~10Hz。低频段 1~4Hz 震荡在海马旁回、前额、楔前叶之间形成一致性，对空间信息进行加工；而低频段 7~10Hz 震荡在海马旁回、前额、顶叶后侧之间形成一致性，对时间信息进行加工。这表明，不同低频段的神经震荡可能支持了不同类型的信息加工，且组成不同的功能网络，而海马旁回是空间及时间记忆的关键枢纽。

2. 不同频段的频间耦合现象

在空间巡航中，一种经常出现的频间耦合是 Theta 震荡相位对 Gamma 震荡幅值的调制现象（θphase-γamplitude coupling）。换言之，就是 Theta 震荡相位与 Gamma 震荡幅值之间存在特定的对应关系。频段之间的信息交互被称为频间耦合现象。频间耦合可以发生在不同脑区的相同频段之间的耦合，也可以是不同脑区的不同频段之间的耦合。

研究者发现了不同皮层的频间耦合现象。比如，新皮层 Theta 相位调节海马 Gamma 幅值，这种频间耦合现象能够用来编码和提取空间记忆信息。当被试成功回忆先前学习过的词汇时，Theta 震荡的相位和 Gamma 震荡功率（45 Hz）的耦合显著性增强。这个发现表明，在特定 Theta 相位引入 Gamma 震荡有助于学习经验的提取。

二、空间能力的神经活动特点

人类空间巡航过程出现的神经活动模式如何加工信息？在理解空间巡航相关的一些基本神经震荡和神经震荡之间的信息传递基础之上，本部分介绍人类空间巡航的神经震荡如何编码空间信息。

（一）独特空间功能的神经元细胞

1. 位置细胞的发现

位置细胞是在 1971 年由英国伦敦大学学院奥基夫在大鼠的海马 1 区首先发现的。首先将微电极阵列植入大鼠海马 CA1 区，然后让其在一个陌生的房间自由走动，并记录大鼠的海马 CA1 区神经元活动信号。通过对神经信号分析发现，当大鼠在该环境空间中一些特定区域时，海马 CA1 区一些神经元的放电频率会显著增加。而在特定区域以外的地方，这些神经元的放电频率很低，甚至完全没有放电活动。根据这一特性，将这类神经元命名为位置细胞，其激活所对应的特定空间区域被称为位置细胞的位置野。位置细胞在自由运动的大鼠的海马和齿状回发现，这些细胞对环境中的大部分位置的放电频率较低，但在特定区域有较高的放电频率。位置细胞能够表征大鼠在客体参照系中的位置，并具有相位迁移现象，通过监控细胞群体的放电模式可以准确地重建动物所处的当前位置。尽管海马通过位置细胞的活动能够表征周围的环境，但是这并不意味着动物在巡航时是通过位置细胞的放电来定位目标距离。在动物觅食过程中，位置细胞的相位迁移用于编码到达目标的精确距离信息。相位迁移是指在靠近并经过感受野的移动过程中，位置细胞放电的相位信息表达了有关目标位置的距离信息。研究发现，动物与位置感受野的距离与其位置细胞的 Theta 相位存在负相关。也就是说，当动物在运动中越靠近位置感受野，位置细胞放电时刻对应 Theta 频段局部场电位的相位越提前。

2. 网格细胞的发现

如果说位置细胞负责为大脑提供人类所处位置和我们要去位置的特征信息，那么网格细胞则负责为大脑制定坐标系。当个体从一个位置出发后，网格细胞就通过不断整合距离和角度等信息，将环境中的其他位置与个体当前位置进行联系。网格细胞对环境中的很多特定位置敏感并进行放电，能够将周围的环境表征成精细的网格模式,导航中网格细胞涉及路径整合的功能。人类的导航电生理研究中也有类似的导航功能神经元细胞的发现。

网格细胞是在2004年由Moser夫妇领导的研究组在大鼠内侧内嗅皮层发现。内嗅的网格细胞是通过路径整合来形成环境的网格样表征,网格细胞是无法如何编码不同的环境信息的。由于内嗅的网格细胞并不具有对不同环境的映射属性,因此内嗅需要依赖海马的联结表征功能,当海马和内嗅之间的空间表征进行转换时,创建了一种场景特异的表征。在编码阶段,海马联结了内嗅皮层传来的路径整合信息以及地标或者场景特征,并将这种联合信息直接或者通过下托投射到内嗅皮层,因此,海马的反馈投射能够调节内嗅皮层的路径整合的精度,这与路径整合自身存在误差有关。在运动中,内嗅的路径整合需要时时更新当前位置相对于起点位置的速度和朝向信息,因此随着巡航时间和距离增强,路径整合得到的更新表征存在的误差会越来越大。而海马的这种联结表征能够提供基点或锚,用于重置内嗅的路径整合在运动中形成的误差。通过海马的场景编码对内嗅皮层的反馈机,内嗅的路径整合就得到了重新校正并保证了在每次测试中的稳定性。这种强调海马对内嗅有影响的证据是,研究者发现在海马没有被激活后,网格细胞的活动变得不稳定,几分钟后空间结构表征也完全被破坏了。

但是后续研究发现内嗅也并非完全的场景信息绝缘体。近来研究表明,场景甚至调制了内嗅的网格细胞放电。单一地标线索也能够调制网格细胞的放电,表现为网格细胞的放电模式随着单一的地标线索旋转,且网格细胞的放电周期随着视觉地标线索的消失而改变。黑暗场景条件下,网格细胞放电的空间特异性减弱,闭合环境中的颜色和气味影响了网格细胞神经元的感受野的位置,即使对于熟悉环境的网格模式也会随着环境几何形状改变进行压缩并且与环境的对称轴进行校正。这些研究表明:即使内嗅的网格细胞也会受到环境中场景线索的调制,提示了场景对空间参照系的影响可能比之前更重要。

3. 系列空间细胞的发现

内嗅皮层能够构建认知地图不仅依赖于网格细胞,还依赖于头向细胞、速度细胞以及整合二者的联合细胞。头向细胞是指当大鼠将头朝向了环境中的特定方向时,这些细胞会放电,这种放电不依赖于当前所在的位置。近来研究者在内嗅皮层的第三、四层发现了头向细胞和网格细胞,还有很多细胞显示出对网格细胞和头向细胞的联合反应，被称为联合细胞。并且头向细胞、网格细胞和联合细胞都受到了动物的运动速度的调节。动物的速度细胞首先发现于内嗅皮层，这些细胞的放电率随着运动速度变快而增加。认知地图的内嗅皮层假说提出：在自我运动过程中，深层的内嗅皮层区（第三、四层）首先对朝向、速度和位置信息进行整合。这些整合后的信息被第二层内嗅皮层的网格细胞用于形成更为抽象的空间表征。随后，网格细胞经空间表征输入到海马的位置细胞。在这种理论观点下，海马的位置细胞只是接受来自内嗅皮层的客体参照系表征，真正的认知地图是在内嗅皮层构建的。但是目前，关于位置朝向和速度信息是如何整合的尚不清楚。

此外研究者发现了边界细胞。边界细胞是人类个体能够感知环境空间中的尽头在哪里以及其与环境空间的相对位置信息。边界细胞的发现与位置细胞相关，最初奥基夫等人和哈特利等人为了揭示位置细胞的形成机理，他们虚拟了一类空间认知导航功能神经元。研究发现，边界细胞是海马中对特定方向下的环境边界特定距离进行放电和编码的细胞，其存在于内嗅皮层、下托、前下托及旁下托等多个脑区中。

海马结构的这些神经元细胞对不同空间信息的编码、存储和提取保证了生物体空间运动的进行，研究者进一步对同一脑区内部的空间信息进行神经交流的信息传递机制，比如频段特性、时程特性以及相同脑区在不同频段和不同时间的交互性进行研究。下面将从频段特性、时程特性、参照系的时程和频段的交互性来探究大脑中的空间信息传递机制。

（二）空间细胞的特异放电现象

关于海马自身的放电研究，除了不同的空间细胞，海马还发现了重播现象。当个体到达目标后，会对刚经历过的路线进行压缩重放，海马的位置细胞支持这种重播功能。已有的动物研究表明，海马的位置细胞的序列激活被当做是动物对自己行使过路径的神经表征。当动物完成活动后进入睡眠阶段或者是清醒的静止状态，这些神经表征序列常常会在一些 SWRs（sharp wave ripple complexes）中不断地重复播放。研究者认为海马的行为序列重播可能反应了海马的一些重要记忆功能，如对经验进行固化形成长时记忆、协调或者整合信息以形成认知地图，学习和对未来事件的计划等。研究者发现：当一个行为轨迹的发生频率较低时，这个行为轨迹的局部序列重播更经常发生，而对于频繁经过的行为轨迹则较少出现重播。重播有时会构建一些个体从来没有经历过的新颖捷径的序列。因此，他们提出 SWRs 阶段的序列激活不仅是对近来经验的简单重放，更是反映了所有在环境中可以通达的轨迹，支持了对于认知地图的积极学习和保持，从而使动物能够计划从来没有走过的新颖路线。

（三）全脑的神经信息交互

全脑不同脑区之间的信息是如何交流信息的？如何通过神经元放电来对信息进行编码和处理？全脑的神经元信息交互机制包括了信息集、投射结构、精细编码的系统协同作用完成。第一，全脑的神经元信息交流依靠神经元信息或信息集。每个信息集可以被看做是一个单独的信息，神经元之间的信息集放电能够编码和处理信息，海马和新皮层的神经元群放电所携带的信息集是全脑的皮层信息交流的基石。第二，全脑的神经元信息传递依靠神经元投射结构。全脑范围存在大量的神经元投射结构，当信息集由特定的皮层区放电激发形成，随后传到该区能够投射的全脑范围内的脑区，通过神经元投射结构来对信息进行传递。最后，全脑的神经元信息编码依靠神经元的不同放电编码。皮层能够对外在感官刺激做出响应并随后传递全脑范围内，神经元在不同时间放电涉及不同的编码机制。可以简单分为两个阶段：在第一阶段，即在 50ms 以内放电的神经元主要依赖于放电时刻编码，这种编码能够在精确的时刻对外在刺激做出反应。第二阶段，在 50~80ms 之后放电的神经元主要依赖于放电率编码，这类神经元在更宽时间、范围内发放大量的脉冲，单独脉冲发放的时刻存在更大变异。

皮层对外在刺激做出响应，神经元放电携带的信息在不同时间有不同的意义。通过神经元放电时间的精细区分和放电强度的差异变化保证了信息传递的准确性。两种信息编码的精准性表现在三个方面。①编码信息不同。两个阶段的放电可能编码不同类型的信息，早期阶段用于编码简单的刺激特征；后期的反应可能用于表征有良好定义的更为复杂的特征。比如在恒河猴的颞叶皮层在编码刺激是脸还是形状时，在最初阶段的神经元反应就可以表达这种刺激的类型信息。而对于更细致的信息，比如是面孔识别还是表情识别，则需要在 51ms 之后的神经元反应才得到表达。②编码功能不同。早期阶段精度高提示了信号的开始，并启动全脑范围内的整体信息交换，为后期的下行通路的神经元编码精细编码信息做好准备。如果该阶段没有神经元响应，可能导致信息整合的失败，最终产生错误的行为反应。后期的放电宽度时刻存在变异，这种变异允许不同脑区的感觉输入的整合和反馈，最终预测动物的行为反应。因此两种类型的编码功能不同，早期注重对信息的启动功能，后期注重信息整合反馈功能。③编码对行为的预测性不同。早期的神经元响应能够可靠的编码刺激的出现，但是不能预测生物体的行为。而后期的神经元响应信息中可能与动物的行为选择有关，视觉 V2 区神经元对双眼不同刺激进行编码时，与动物的行为选择相关的响应仅仅在神经元编码的后期阶段（50~400ms）。后期的神经元编码可能表征了对于其他脑区反馈来的感觉输入的整合。

第八章 空间能力教育启示

在认知科学、学习科学和神经科学领域,研究者聚焦空间能力的形成、发展、变异和表征等科学问题,这些研究成果是教育领域关于"如何培养空间能力"这一问题的科学基础。本章探讨空间能力研究的教育启示,围绕空间能力培养这一教育问题,探索空间能力培养的教育价值,教育神经科学的研究逻辑和现实路径。

第一节 空间能力培养的研究价值

党的二十大报告强调,必须坚持科技是第一生产力、人才是第一资源、创新是第一动力,深入实施科教兴国战略、人才强国战略、创新驱动发展战略,开辟发展新领域新赛道,不断塑造发展新动能新优势。空间能力作为人类认识世界和改造世界的一种基本认知能力,空间能力培养的相关研究对我国实现科技创新、社会进步和教育发展具有重大影响。

一、科技创新

科技是第一生产力。进入 21 世纪以来,全球科技创新迎来空前密集活跃的时期,新一轮科技革命和产业变革正在重构全球创新版图、重塑全球经济结构。这种大背景下,如何实现科技进步、创新驱动发展成为提高科技实力的重要问题。空间能力作为一种基本认知能力,是机械、制图、驾驶、数学、物理等工程科学领域的关键能力,因此空间能力的专业培养在科学技术领域有广泛的应用成果。例如,人工智能的无人机研究中,空间巡航认知机制是模拟人或动物处理空间巡航信息以实现无人化平台认知导航的科学基础。在工业设计方面,基于人类的空间信息加工过程及其规律,通过对一些工业设计的人机信息交互界面设计进行优化,能够有效提高操作者对地图、座舱仪表、空间定位系统、电子导航助手等设备进行操作的工作效率。空间能力的培养有助于实现创新驱动发展战略，为提高我国科技水平进行人才储备，对促进我国整体科技实力的提升有重要意义。

二、社会发展

不同研究证据共同表明，特定空间能力的缺陷与神经精神疾病有非常重要的关联，因此空间能力的研究有助于相关空间能力缺陷的治疗和康复，对于人才的健康成长和发展，社会进步和谐发展具有重要意义。关于阅读障碍的研究表明，阅读障碍者在视空间能力的认知加工过程存在缺陷，阅读障碍者的视空间能力更是人们一直争论的焦点。探讨阅读障碍者的视空间能力不仅有助于理解他们的优势和缺陷，也可以为他们的职业发展、教育训练等提供指导和建议。此外，研究发现认知地图能力的损伤是许多神经精神疾病的早期临床症状，相比健康人群，精神分裂症和阿尔兹海默症（又称原发性老年痴呆症）患者在发病早期存在认知地图的的空间表征损伤，不能够在两种参照系之间进行灵活的转换，这表明了空间能力特别是地图表征的缺陷有可能是脑疾病的重要的行为标记。这些研究提示，空间能力的研究对于个体的认知发展、健康成长和生活幸福有重要意义，同时也是我国人民身心健康和社会全面发展的重要组成部分。

三、教育强国

教育是国之大计、党之大计。教育强国战略要求我们坚持教育优先发展，更加注重知识和人才的重要性。当前教育领域变革强调了学科交叉和学科融合，人才培养更加突出不同学科的交叉和融合。研究提示，个体早期的空间能力与其未来在科学、技术、工程、艺术和数学即 STEAM（STEAM：Science, Technology, Engineering, Arts, Mathematic）领域取得的成功有关。纵向研究推测个体的空间认知差异能够预测 STEAM 方面的成功，这是由于 STEAM 课程涉及空间位置、大小、距离、方位等内容，因此构建空间能力培养的科学教育理论，对 STEAM 领域的人才培养、实现学科交叉和学科融合具有重要影响。对空间能力在交叉学科领域的基本议题进行研究，有助于推动空间能力的应用研究，促进临近学科领域发展。因此，个体空间能力的培养和完善是实现我国教育强国、国民素质全面提高的重要内容。

第二节 空间能力培养与教育神经科学

一、空间能力培养的问题提出

对空间能力培养和教育的首要问题是：人类空间能力如何形成？也就是说人类在日常生活是如何进行空间学习从而获得空间能力的？

从研究问题来讲，为了准确回答"人类空间能力培养"这一科学问题，既需要自然科学领域研究者有关"空间能力发展的神经基础"的科学证据，又离不开人文社会科学领域"空间能力发展的教育路径"的教育理论和实践经验。因此，"空间能力培养"这一科学问题属于横跨文理的新兴交叉学科，不同的学科内容增加了研究的难度，属于教育学研究的新问题，这种新问题的回答需要借助不同学科知识的交叉融合产生新学科来研究进而解决。

从研究方法来讲，自然科学领域的空间能力的形成和发展属于微观层面的个体特性研究，人文社科的空间能力的培养和教育属于宏观的社会群体研究，从微观的神经科学转换到宏观的教育学领域，这种跨学科研究需要探索特殊的、有效的研究思路，如何客观准确地把握这个研究思路成为一个迫切回答的问题，同时也是一个难点所在。

因此，综合空间能力培养的科学证据、教育理论和和实践经验，我们提出"空间能力培养"可以按照"科学实证—理论构建—实践探索"的理论到实践的研究思路。第一，在自然科学领域的科学研究成果梳理。整合来自心理学、认知科学和脑科学对空间能力的本质、形成、发展的科学证据归纳出有关空间能力的科学理论。第二，人文社科领域的教育理论构建。教育研究者基于空间能力的科学理论构建新的空间能力的教育科学理论，基于当前的社会要求和教育规律生成空间能力培养的学科理论、课程理论和教学理论。第三，教育领域和社会领域的实践探索。政府部门、教育研究者和教育实践者通过政策和行政力量的推进，形成教育合力，共同推进空间能力培养的学科理论、课程理论和教学理论成为空间能力培养的教育教学改革和教学活动成果，实现空间能力培养的教育理论领域到教育实践领域的过渡。

本书前面已经对人类空间能力的进化、形成、发展、认知和神经的科学基础对个体的空间学习过程进行了科学论述，形成了有关人类空间能力的科学理论基础，这为教育研究者和教育实践者开展空间能力教育提供了理论基础。本章节将着重介绍空间能力培养的教育理论和实践探索。

二、空间能力培养的研究思路

培养学生的空间能力需要按照"科学实证—理论构建—实践探索"的研究思路来推进，这需要整合神经科学、心理学、教育学的研究成果，空间能力培养的研究框架——教育神经科学恰好能够实现这一目标。近年来，新发展起来的教育神经科学是将神经科学、心理学、教育学整合起来，研究人类教育现象及其一般规律的横跨文理的新兴交叉学科。在教育神经科学视野下，通过综述空间能力的研究成果，尤其是来自神经科学的研究依据，成为教育领域探索个体空间能力培养的一种重要方式。

教育神经科学的研究框架为我们探索空间能力培养提供了一个可行的研究框架，也指明了空间能力培养从教育理论到实践课程的转换有其必然性。空间能力培养的研究从教育理论到教育实践的转换有以下三方面的原因。

第一，提供了学科动力。这是因为教育的实践问题是学科发展的根本动力，在学校丰富的学习和教学环境中，教育科学理论逐渐形成并提出对教育实践具有时效性和有价值的议题。教育神经科学的成果能够为教育研究者从"人是如何学习的"这一根本问题出发，能够帮助教师在教学实践中真正理解空间能力是如何形成的，应创设合适的教育环境和教学条件来促进这种能力的形成。教师教育观念的改变和教学改革实践的发生，能够帮助学生在正确且适合自己的学习路径上，实现自身能力的提升。

第二，提高学科效力。脑科学到教学实践的教育学科发展，这些理论成果的科学意义是有助于学科交叉融合和学科创新。在神经科学领域，研究者注重教育规律的发现，不断对学习相关的结构脑、发育脑、空间脑、情绪脑、语言脑等不同脑规律的研究。而在教育领域，运用神经科学的发现在教育领域被称为神经教育学，就是用神经科学的规律去开展教育教学工作，是神经科学促进教育科学化，最终是教育规律的应用。转化研究可以进一步考察空间能力的概念与教育实践的相关性和有效性，检验教育研究成果所具有的潜在教育价值，验证教育神经科学原理的科学性与实践性。

第三，提供实践方向。在教育教学实践者进教室门之前，教育神经科学让他们知道是如何学习的？科学已经证明了什么？哪些还需要进步改进？所以，教育神经科学与脑科学会直接在教室与实验室建连接，必须在教育实践与学习研究者之间建双向互惠的关系。这是由教育神经科学具有层次性内在要求决定的。教育神经科学借助先进的技术手段与多种研究方法，从基因—分子—突触—神经元—神经网络—神经系统—课堂行为—社会等不同层面揭示学生学习行为产生的完整过程，对学生的学习行为提供因果解释，从而产生有用的、确定性的知识。

三、空间能力培养的研究路径

在具体教育实践中，如何运用教育神经科学理论来优化教育教学活动以培养学生能力？数量能力的教育神经科学研究为我们对空间能力培养的教育研究和教育实践提供了借鉴。

（一）数量能力培养的教育神经科学研究

通过对法国科学院院士迪昂团队对有关数量能力在科学、文化、教育领域的研究成果进行研究、梳理和总结，数量能力培养的研究框架提供了一条清晰的研究路线。对数量能力培养的研究思路如下。

1. 科学成果

数量能力培养的神经科学研究集中体现在数感研究，关键问题是"个体如何对外界事物形成内在的数量表征"，也就是个体在内部建立对外界事物的数量表征的过程。结合心理学、生理学和脑科学的研究证据，迪昂提出了"三重编码假说"来解释人类对数量的表征。该假设认为人类大脑中存在三种模块表征数量：数量表征系统是三个系统中最核心的，类比数量表征系统，负责编码抽象的数字意义，其神经基础位于大脑双侧的颞—顶—枕联合区。视觉数字系统，负责对视觉输入的数字形式进行分析，其神经基础位于大脑双侧的颞枕联合区。语词编码系统，负责口语的输入输出，其神经基础位于左脑的语言区，包括额下回、颞中回、颞下回、基底神经节和丘脑。

2. 构建理论

数量能力培养的教育理论中，研究者根据"三重编码假说"，迪昂带领的科学研究团队和教育研究团队，提出了数量能力培养的教育神经科学理论，其主要观点包括：①数字模块缺陷是引发数量加工障碍的首要因素，因此将其作为提升儿童的数量表征能力或数感作为教育理论的出发点。②人类最基础的数量加工能力就是非言语符号的近似数量加工能力，因此有效的教育干预任务需要能够帮助学生弥补这种数量能力方面的不足，如数量比较任务和数量与空间的映射任务。③个体的数量加工是一种十分综合的能力，想要提高这一能力，不仅要熟练掌握每一种数量表征编码，而且要能流畅地在不同编码之间实现相互转换。教育干预任务能够提升"数字模块"缺陷和"数量模块"缺陷的认知模块表现。

3. 实践探索

迪昂及其实践领域团队基于 Java 环境设计和开发了数学教育游戏，在完成教育实验研究的基础上，该游戏能够通过教育训练提高儿童的数量能力，不仅可以帮助计算障碍儿童，还可以促进早期正常儿童的数学学习。该教育游戏设计的一个关键思路是，通过两种方法来帮助学生完成数量编码间的有效联结的：一种是在任务过程中，让被训练者从根据具体实物完成任务渐渐地过渡到根据数字符号来完成任务；另一种是在任务完成后，会同时呈现三种编码，来加强学生对同一数量不同编码的联系强度。

（二）空间能力培养的教育神经科学研究探索

数量能力培养的研究在科学、教育、实践领域的研究路线对空间能力培养提供了一些研究思路。结合空间能力的科学研究，可以按照如下思路进行设计。

1. 科学成果

空间能力的认知神经科学研究和数量能力的认知神经科学研究的结论一致性不同。数量能力的模块理论相对成熟，"三重编码"的模块理论得到较多行为和神经科学研究支持，并且该理论对人类认知的视空间表象、语言符号和抽象数量这些基本的认知过程有较强的兼容性，由于考虑了较多因素对数量学习的影响，该理论能够解释人类复杂数量学习过程。而空间能力还存在研究难点。

第一，空间能力在从科学理论到教育理论构建有困难。由于空间能力的模块论并未得到普遍认可,"特征模块"和"几何模块"这一理论模型还缺少大量的神经科学证据支持。不仅削弱了空间能力模块理论的理论解释力,同时由于并没有形成模块存在特异的脑区这样的研究结果,也不能完全基于脑区训练的视角分模块进行活动设计和认知训练。这导致了空间能力的理论构建并不能完全参考数量能力的科学理论到教育理论的研究思路。第二,空间能力的形成涉及更复杂的线索影响。空间知识的形成和运用更多体现在复杂实践活动中,从儿童最简单的"抓握"到最复杂的"空间巡航",受到环境中各种因素的综合影响较多,因此构建一个全面系统的神经科学理论更为困难。

综上所述,空间能力的科学理论和教育理论构建需要创新思路。从科学理论构建角度来看,空间能力培养的核心问题依然是"个体如何对外界事物形成内在的空间表征",也就是个体在内部建立对外界事物的空间表征的过程。结合动物学、心理学、生理学、计算机科学和脑科学的研究证据,可以将模块论和适应性框架理论结合来建构空间能力的认知理论。模块论在动物学、心理学、生理学得到较多实验支持,而心理学、计算机科学和脑科学为适应性框架空间提供了较多的解释空间,能够更好地解释人类空间能力形成的认知模块。

2. 构建理论

空间能力培养的教育理论中,根据模块论和适应性框架理论,可以将空间能力培养的教育理论概括如下内容:①从空间认知缺陷研究入手,通过综述相关研究发现,阅读障碍上表现出的空间视觉化缺陷可能为空间能力培养提供一个可能的研究思路。关于汉字阅读障碍的研究发现,阅读障碍儿童不仅具有语音加工缺陷,而且具有视空间能力缺陷,他们对视觉分析和汉字结构的认识存在困难。也有研究者则持相反观点,认为阅读障碍者视空间能力非但不存在缺陷,而且因功能得到了补偿而增强。日常观察和名人传记中发现视空间能力与阅读障碍似乎存在一定的联系。在一些需要较高视空间能力的职业中,阅读障碍的发生率往往也较高,如艺术、工程、建筑等领域都发现了这种现象。而在一些著名的人物传记中,如爱迪生、达·芬奇、罗丹、法拉第、麦克斯韦、爱因斯坦等都曾将自己卓越的视空间能力与自身存在的阅读障碍联系在一起。神经心理学发现,阅读障碍者的大脑右半球容量远大于正常人的平均水平,而且左右脑表现出高度的单侧化。操作语义时左脑过度活动，操作视觉—空间任务时右脑过度活动。这些研究表示，我们可以将对视空间能力相关的一些任务作为教育理论构建的出发点。②人类最基础的空间加工能力就是对环境中几何信息的加工能力，因此有效的教育干预任务需要能够帮助学生弥补这种数量能力方面的不足。涉及几何信息的加工能力体现在最新的《义务教育数学课程标准》（2022年版）中，强调了对结合直观和图形观念的重要性。各种几何图形及其组成元素的感知、图形特征的分类、图形性质的分析这些几何直观有助于把握问题的本质，明晰思维的路径。而空间观念则要求对空间物体或图形的形状、大小及位置关系的认识，根据物体特征描绘出几何图形，根据几何图形想象出所描述的实际物体；想象并表达物体的空间方位和相互之间的位置关系；感知并描述图形的运动和变化规律。空间观念有助于理解现实生活中空间物体的形态与结构，是形成空间想象力的经验基础。可以看出，几何性质是图形特性的基础，同时同性特征也是几何性质的整合和深入。几何和图形的意识是建立视空间表象知识的关键。然而这种几何属性的认识是一个连续性的发生发展过程，空间视觉图像建立并不简单。特别是对幼儿来说有一定的困难，尤其是对于空间方位知觉发展相对滞后的幼儿。幼儿首先需要积累和丰富对生活中空间方位的辨识和理解，当幼儿有了一定的空间认知以后，幼儿通过从不同的角度（上下、前后、左右）行观察对比对一些视觉材料（物品、杯子、碗等生活中常见和飞机、坦克等玩具）观察和对比，逐渐将平面与立体的画面有机的联系起来，获得几何形体知识，建立空间感知觉，在这个相关活动中的内化相关经验获得相应的空间表象和想象能力的发展。因此从整体设计角度进行教育教学设计，从而保证和提高个体在学前期、儿童和青少年不同阶段的几何知识的连续性和递进性是非常关键。

3. 实践探索

当前我国在学前、小学和中学阶段能够帮助学生空间能力培养的教育玩具和教育游戏并不少。九连环、华容道、七巧板、鲁班锁以及折纸这些中国民间传统益智游戏对儿童的空间心理旋转有帮助的。对这些益智游戏中所涉及的空间能力进行分析、转换和总结，设计有趣的教育教学内容，创设有效的游戏环节能够帮助学生完成空间能力所学的不同认知结构编码的有效联结，这是需要教育研究者和教育实践者共同探索和研究的问题。

第三节 空间能力培养的研究展望

借鉴第二节有关数量能力培养的研究路径，本部分将在教育神经科学视野下介绍空间能力培养的神经科学、教育理论和教育实践。

一、空间能力培养的神经科学

个体空间能力培养旨在帮助个体获得完成空间活动需要的空间经验和空间技能，成为一种类化的经验结构。而这种类化的经验结构的认知形成过程，对应了大脑的神经发育过程。空间能力培养导致的空间能力相关的神经结构是否变化，涉及大脑可塑性研究，大脑可塑性研究有时也称为神经可塑性研究。神经可塑性是神经科学的主流，也是教育神经科学的核心研究问题，却是目前空间领域内对本课题研究最为薄和困难的环节。过去的科学家往往认为在婴儿关键期后，大脑结构往往不发生变化，因而空间认知能力是固定的，即大脑不具有可塑性。

但这种观点近来受到了质疑。来自认知科学和神经科学证据都显示成年以后，人脑结构也会随着空间学习的经验而发生变化，即使成年人的空间能力也是可以培养和变化。目前，有关大脑与空间能力的脑可塑性研究证据主要包括认知训练、体育训练和神经调控三方面的证据。

（一）认知训练的神经可塑性研究

研究者认为空间认知是可以改变的，通过学术课程、具体活动和电脑游戏等认知干预手段来提高学生的空间认知能力。在空间巡航任务中，很多证据表明个体对空间运动过程中空间线索的使用和锻炼使得空间能力得到很大提高（哪些空间能力会改变）。无论是空间能力很好的人，还是缺乏空间能力的人都可以在空间思维方面取得更好的成绩。元分析研究也提示多种干预手段可以从实质上提高空间认知能力，包括学术课程、具体任务的练习以及需要空间认知的电脑游戏，比如俄罗斯方块。这种活动需要个体依靠心理旋转使用空间线索，该活动对个体空间能力的提高效果是持久的，并且可以迁移到其他任务和情境中。

(二) 体育训练的神经可塑性研究

体育锻炼对个体的空间想象力提升也有积极的效果。通过比较运动员与一般被试，人们也发现了长期运动训练影响任务表现的证据，主要是通过运动员在运动过程对身体部位心理旋转进行空间能力训练的基础上。体操、柔道、足球等项目的运动员在身体部位心理旋转中的空间能力表现要好于普通人。不过，也有研究发现没有运动训练带来的这种优势，因此有关运动训练能否提高身体部位心理旋转能力还需要今后的研究者进一步开展这种空间能力可塑性的研究。此外，神经科学的研究提示，体育运动能锻炼额叶皮层，增强海马的神经形成、连接和扩大海马的面积，能有效提高人的认知能力。体育运动中肌肉每一次收缩和放松，都会释放出包括一种被称为 IGF-1 的蛋白质，能够增加特定化学物质含量有利于大脑进行深度思考时会发挥积极的作用。一项对体操世界冠军和普通人对照组的比较研究发现，世界体操运动员在与感觉运动、注意和默认系统有关的脑区连接强度，以及全脑网络的全局效率、局部效率均强于对照组。

(三) 神经调控的可塑性研究

不同的脑科学技术研究也发现，通过特定的神经调控很可能会改善个体的空间能力。比如磁刺激、微电流刺激、闪光刺激（频率为 40Hz）等物理刺激手段来改变大脑神经细胞间的联结，能够有效提高个体的空间认知能力。比如，小鼠的光遗传研究发现，通过给予 AD 小鼠特定频段（γ 波：40Hz）的物理闪光刺激能暂时减少小鼠脑中的 AD 致病蛋白沉积，并最终提升其空间学习表现。这些研究表明空间认知是可以改变的，进一步的证据还包括来自 VBM、fMRI、DTI 研究等，这些研究共同指向了空间巡航的神经基础是海马结构。空间能力的改变对个体大脑结构的影响主要发生在海马。来自伦敦的研究者通过对出租车司机和公交车司机的大脑结构进行比较发现，相比路线学习的公交车司机，进行地图学习的出租车司机的海马皮层厚度增加，同时与海马相连接的杏仁核、旁海马、内嗅、嗅周和眶额皮质也显示相同的皮层厚度增加趋势。

二、空间能力培养的教育理论

有关空间能力培养的教育理论关注学习者的空间学习过程，有关空间学习的过程，相关理论包括以下三方面的内容。

（一）空间能力培养与学习动机

空间能力培养与学习者的学习动机有密切关系。学习者的学习动机决定了为何进行学习。教育理论对学习动机提出了大量的理论，教育者在教育教学过程中应尤其注重增强学习动机的培养。随着社会物质财富的不断积累，整齐划一的学校教育体系越来越受到社会的诟病——以知识灌输为特征的教学形式逐渐被世人所摒弃。取而代之的，是以人为本的核心素养教育新理念，强调赋予每个学生个性化发展的权力，因此空间能力培养必须考虑个体的这种心理需要。

（二）空间能力培养与学习者性格

学习者的空间学习过程与学习者的性格有密切关系。学习者的性格特征影响学习者在空间学习过程中的态度倾向、偏好和预期行为。这种个性特征可以通过影响个体的活动效率从而改变个体的学习能力提升。与那些个体性格更具有外向的、探索性特点的学习者相比内向的、闭塞性特点的学习者，对空间探索活动有强烈的活动愿望，容易充满正性的情绪，也更有可能取得较好的活动表现。那些专注力较高的个体相比那些专注力较低的个体，他们能够对任何事情都充满激情且更容易投入活动，对活动中的挫折充满积极乐观希望，更有可能处于自主、自发的学习状态，取得好的学习效果，促进能力的更好发展。这些观点表明，学习者的空间能力发展受制于学习者的性格。值得注意的是，学习者的空间能力培养也可能概述学习者的性格，学习活动中空间能力的发展和提升不仅能够改变学习者的知识经验和技能技巧，提高学习者的自信心，同时这种学习过程中面对困难的抗挫折能力和积极面对困难的态度，也会对学习者的性格发展产生积极意义。

（三）空间能力培养与教育技术

当前的信息化社会对教育提出了更高的要求，在国家全面深化教育综合改革的背景下，教育信息化已经成为解决教育改革"深水区"难题的重要途径和方法。作为教育信息化时代下的一种新型教育资源，教育游戏实现了空间能力培养的科学性、趣味性和有效性。为何使用教育电子游戏？主要有三个方面的原因。①海量的大数据库。依赖于计算机的超级运算特性，教育电子游戏能够对学习者在游戏中的每一步操作都能进行客观翔实地记录，从而形成一个庞大的有关某个学习任务的学生行为数据库,能够快速地采集、存储和处理学习者的大量学习数据,通过大数据和反馈技术与学习者进行更好的互动,提高了学习乐趣,使电子游戏成为变革教育生态的重要力量。随着时间的推进,大数据会不断得到积累和更新。②客观的教育评价功能。相比传统教育或心理学测试,学生在教育游戏中的行为数据可能更接近自身的真实水平;另外,教育游戏可以同步进行数据的记录与分析,这将大大提高数据应用的时效性和准确性。游戏不仅涉及针对每个习题的难度系数计算,而且会自动记录每个玩家在全部游戏任务中的实际表现情况,使得更科学地为玩家呈现游戏任务成为了可能。因此,教育游戏要十分重视游戏过程中的行为数据采集,这将会成为未来教育个性化实施和过程性评价的重要环节。③快速的性能优化迭代。教育电子游戏的设计不仅需要传统教育工作者和游戏设计师的合作,而且需要借助其他新兴学科的智慧和力量,尤其是教育神经科学和人工智能、大数据的理论与技术成果,这使得相应的教育电子游戏设计能够实现和满足更多的空间能力培养的教育教学要求。拥有自适应关卡设计功能的教育游戏,可以迅速为不同能力起点的学生自动生成恰到好处的关卡任务。这能让不同能力起点的学生在游戏中都能找到最适合自己的游戏闯关路径,并最终实现更加平等的游戏教育结果。如果这种教育游戏形式得到普及,相信会惠及更多挣扎在学习困难边缘的学生。

最后,教育电子游戏也随着游戏成瘾引起很多研究者的争议。这给予学习者和教育者更多的责任和要求,一定要注意教育电子游戏的教育性和游戏性的平衡。当前的电子游戏已经成为很多学生缓解学习压力和焦虑情绪的重要工具,如何能够在游戏中做到寓教于乐而不是玩物丧志,这对教育游戏设计者提出了更高要求。

三、空间能力培养的教育实践

(一) 空间能力培养的教育成果转化的意义

将教育神经科学理论的成果应用到实践领域,有什么意义呢?

首先,这些理论成果的教育意义是强调个体知识对学习情境的运用价值以及对课堂教学的意义,神经科学的成果能够为教育研究者和教育实践者从"人是如何学习的"这一根本问题出发。最终对于教学实践过程而言,一方面提升教师的教育理念。"人是如何进行空间学习的"相关科学知识能够帮助教师在教育教学活动中真正理解学生的空间能力是如何形成的。另一方面，改进了教师的教育实践，提高了教学效率。这种教育理念的提升为教师提供了基本的理论素养，帮助教师创建和设计有效的教育环境和教学条件来促进学生空间能力的形成和发展。最终，教师教育观念的改变和教学改革实践的发生，能够帮助学生在正确且适合自己的学习路径上，实现自身能力的提升。

其次，这些理论成果的科学意义是有助于学科交叉融合和学科创新。在神经科学领域，研究者注重教育规律的发现，不断对学习相关的结构脑、发育脑、数学脑、情绪脑、语言脑等不同脑规律的研究。而在教育领域，运用神经科学的发现在教育领域被称为神经教育学，就是用神经科学的规律去开展教育教学工作，是神经科学促进教育科学化，最终是教育规律的应用。

最后，这些理论成果的实践意义是促成学科成果向应用领域的转化。能够帮助相关实际领域的研究者建立在已有科学知识的基础上，并促进已有科学知识的发展，形成转化实践。同时，也对科学研究具有反馈作用。教师具有设计学习任务的专业知识，因此，让教师参与教育神经科学的研究，也可以使实验室的研究贴近教育情境的运用。

（二）空间能力培养的教育成果转化路线

如何沿着"教育理论—教育科学实验—教育实践"的路线对空间能力培养的教育产品进行设计呢？具体实现方式包括空间能力培养的课程设计、活动设计和游戏设计进行介绍。

1. 空间能力培养的教育课程设计

空间能力培养的教育课程设计需要保证其科学性，这种科学性有赖于其理论的科学性。理论和方法的重大创新，往往都预示着新一轮领域变革的发生，对于教育也不例外。随着教育神经科学的兴起和不断渗透，基于脑科学的教育研究成果，将会成为决定未来教育发展方向的重要力量。在这种趋势下，课程设计的理论基础也必将受到前所未有的冲击，人们不再会因为课程媒介或者教学技术形式的新颖而盲目追捧新的教育课程和教学活动设计，而会越来越多地关注教育课程和教学活动设计的科学性。比如，相关的课程是否符合大脑的学习规律，是否真能激发大脑的学习动机等。就如，数学课程内容的几何知识学习涉及了空间想象能力，这种课程能力的设计将不再是传统题海战术式练习，而是真的根据大脑完成空间任务进行空间想象的认知规律和神经活动机制而设计。通过科学设置的教学任务，将完成空间任务的一系列加工过程层层分解，建立教学模型，并基于教育实验检验，而设置难度适宜的一系列学习任务逐步引导学生有效地跨越学习障碍，获得空间能力提升。

当前教育神经科学已经在空间注意能力、视空间能力、空间知觉能力、空间想象能力、空间语言符号以及相关的神经发育上取得了诸多研究成果，如果能将这些成果合理地应用在空间能力培养的教育课程设计中，势必会大幅提高当前空间教育课程的科学性，提高教育研究者和教育实践者对空间能力培养的课程和教学活动设计的信心。

2. 空间能力培养的教育活动设计

各种课外的教育活动和实践活动需要符合教育教学理论的发展和要求。基于教育教学活动所依赖的教育理论和教育实验变革，活动设计也体现了相关教育教学理论从行为主义—行为认知流派—认知神经科学的发展脉络。

程序教学是20世纪50年代具有全球影响的教学改革运动，深刻地影响当时美国及世界其他国家的中小学教学实践。其始创者是教学机器的发明人普莱西，但对程序教学贡献最大的却是斯金纳。程序教学是通过教学机器呈现程序化教材而进行自学的一种方法，其设计需要考虑学生在获取空间经验过程中的刺激—反应模式的发展规律。然而随着科学技术的进行，早期行为主义的实验研究多是基于动物，未能充分考虑到动物和人类物种的差异，最大差异是相比动物的行为模式：刺激—反应模式，人类的行为模式是：刺激—认知—反应模式。早期行为主义忽略了人类行为发生受到其认知结构的决定性影响。

考虑到认知结构的重要性，后期行为主义主动修订为认知行为流派，这一时期的研究者开始广泛接受了认知和社会对个人学习能力的影响。这一时期的活动设计考虑了学生在获取空间经验过程中的认识发展规律以及社会文化影响。随着脑科学技术的发展，特别是随着学习科学和人工智能技术的快速发展，当前活动设计考虑活动设计的适应性和灵活性。从脑科学的成果，我们可知人和人由于先天和后天教育的不同，在认知发展中存在巨大的个体差异，因此这就对教育者提出了要求，如何开展个性化教学，因材施教展开教育。因材施教有效开展的前提是我们对每个学生的材的不同特点有足够清晰的了解。不难发现当前的实践活动给予学习者更多的自由性，通过自己适应设计原则，不同学习者的学习规律和学习特点更加精细化。

3. 空间能力培养的教育游戏设计

教育游戏设计思想从"人是如何学习的"这一根本问题出发，突破了传统课堂教学的束缚。教育游戏的电子游戏可以通过设计科学合理层层递进的游戏任务，帮助学生在正确且适合自己的学习路径上，实现自身能力的提升。这种扎根于教育神经科学研究成果的教育游戏设计理念，是当前教育游戏设计中特别稀缺的要素，同时这也是未来教育游戏教育性的根本保障，引起相关研究者和从业人员的重视。从这方面来看，好的教育游戏确实为新时代教育的科学设计，提供了很多新的思路，这将成为社会各界真正接受并认可教育游戏教育价值和效果的关键。

教育游戏设计中对空间能力培养应注重提供真实的空间学习情境，以便有效地培养学生在真实情境中理解空间关系问题，运用空间知识解决问题的能力，对培养个体的理解力、灵活性和创造力有非常重要的教育应用价值。

在教育教育实践中，把握好教育游戏教育性和游戏性的平衡非常重要。教育游戏是兼具教育性和游戏性的一类特殊游戏，不仅要分别考虑两种特性，还要做好两者间的融合与平衡。在教育性上，基于空间能力培养的教育游戏，不仅要重视将学习科学和神经科学相关的理论融入教育内容的设计上，同时也要很清楚地定义教育游戏的使用场景，方便学生能够将抽象的数学思维和具体的数学生活结合到一起，而不仅是将课本习题进行重新的美术包装，这就保证了游戏效果在科学性和易用性上都优于传统的教辅资料。在游戏性上，很多教育游戏是根据人解决真实情境的数感游戏的教育内容对机制进行优化调整，保证游戏的趣味性能够比拟制作精良的商业游戏，能让学生玩家持续投入，而不仅是简单套用现成的游戏机制。

四、空间能力培养的研究展望

从空间能力培养未来教育神经科学的发展仍然有许多方面需要继续努力，包括以下几方面。

首先，建立研究平台。教育神经科学的研究基地和研究平台，能够让教

空间能力研究与教育启示

育神经科学研究者置身于教育的生态环境，这种环境有助于教育神经科学研究者提出具有教育意义的研究问题，修正与完善教育神经科学的理论构想。同时，教育人员参与教育科学的实验研究，将课堂中的学习问题带到实验室，这为教育神经科学提供需要研究的有价值的题。

其次，开展师资培养。培养教育实践者的批判性思维意识，促进教育神经科学的健康发展。这需要培养教育神经科学开展教育研究和工作的教师队伍，在这样的教师队伍中，建立共同的话语体系，增进共同领域间的沟通与融合。开设多种课程，培养跨学科的专业人才。

最后，开发相应的教育教学研究。教育实验，开设相关的课程教学。心理学应将现象学层面的教育研究与自然科学层面的神经机制相结合。认知神经科学与教育双向沟通，通过认知神经科学解释一些学习障碍的原因，并且通过早期的一些测查指标来对那些障碍进行前期的补救。教育心理学也在实践中为神经科学提供研究实例。

参考文献

[1] 冯忠良. 结构化与定向化教学心理学原理[M]. 北京：北京师范大学出版社，1998.

[2] 马克思. 资本论（第1卷）[M]. 北京：人民出版社，2004.

[3] 王永明，汪明. 基于教学认识论视角的知识教学发生机制探析[J]. 教育学报，2018（2）：41-48.

[4] 彭聃龄. 普通心理学[M]. 北京：北京师范大学出版社，2012.

[5] 林海亮，杨光海. 教育心理学——为了学和教的心理学[M]. 北京：北京师范大学出版社，2012.

[6] 郭元祥. 论学科育人的逻辑起点、内在条件与实践诉求[J]. 教育研究，2020（4）：4-15.

[7] 李学书. STEAM跨学科课程：整合理念、模式构建及问题反思[J]. 全球教育展望，2019（10）：59-72.

[8] 丁邦平. 论国际理科教育的范式转换——从科学教育到科技教育[J]. 比较教育研究，2002（1）：1-6.

[9] 唐小为，王唯真. 整合STEM发展我国基础科学教育的有效路径分析[J]. 教育研究，2014（9）：61-68.

[10] 高巍，等. 培养卓越教师：美国UTeach课程体系及启示[J]. 开放教育研究，2019（2）：36-43.

[11] 祝智庭，雷云鹤. STEM教育的国策分析与实践模式[J]. 电化教育研究，2018（1）：75-84.

[12] 中国教育科学研究院. 中国STEM教育白皮书[R]. 中国教育科学研究院，2017-06-20.

[13] 金慧，胡盈滢. 教育创新引领教育未来：美国《STEM2026：STEM教育创新愿景》报告的解读与启示[J]. 远程教育杂志，2017（1）：17-25.

[14] 刘新玉，平燕娜．大脑空间认知：从神经机制到哲学意义［J］．医学与哲学，2019（13）：25-27，76．

[15] 梅洛-庞蒂．知觉现象学［M］．姜志辉，译．北京：商务印书馆，2001．

[16] 刘胜利．身体、空间与科学［M］．南京：江苏人民出版社，2014．

[17] Khine M S, et al. Visual-spatial Ability in STEM Education［M］．Switzerland：Springer，2017．

[18] Merideth G. Spatial Schemas and Abstract Thought［M］．Cambridge：MIT Press，2003．

[19] Markus K. Space to Reason：A Spatial Theory of Human Thought［M］．Cambridge：MIT Press，2013．

[20] Dubreuil L. The Intellective Space：Thinking beyond Cognition［M］．Minneapolis：University of Minnesota Press，2015．

[21] Thurstone L. Primary mental abilities［M］．Chicago：The University of Chicago Press，1938．

[22] Thurstone L. Some primary abilities in visual thinking［J］．Proceedings of the American Philosophical Society，1950（6）：517-521．

[23] Mizzi A. The Relationship between Language and Spatial Ability［M］．Wiesbaden：Springer Spektrum，2017．

[24] 安茜，吴念阳．儿童空间语言和空间认知关系的研究进展［J］．陕西学前师范学院学报，2019（5）：1-5．

[25] Linn M C, Petersen A C. Emergence and characterization of sex differences in spatial ability：a meta-analysis［J］．Child Development，1985（56）：1479-1498．

[26] Barratt E S. An analysis of verbal reports of solving spatial problems as aid in defining spatial factors［J］．Journal of Psychology，1953（36）：17-25．

[27] 周荣刚，张侃．自我参照和环境参照整合过程中的主方位判断［J］．心理学报，2005（37）：298-307．

[28] 王甦，汪安圣．认知心理学［M］．北京：北京大学出版社，2006．

[29] 艾森克，基恩．认知心理学［M］．上海：华东师大出版社，2009．

[30] Gibson. The sense considered as perceptual system［M］．Boston：Houghton Mifflin，1950．

[31] 张亚丽. 高一学生空间观念的调查研究 [D]. 石家庄：河北师范大学，2016：5-10.

[32] 缪柯. 定向运动启蒙教育对提高儿童空间认知能力的应用研究 [J]. 运动，2012（14）：48-49，73.

[33] 张小将，等. 空间推理的脑机制：一项 ERP 研究 [J]. 心理科学，2012（4）：842-847.

[34] Dehaene S. Core knowledge of geometry in an Amazonian indigene group [J]. Science, 2006 (1): 381-384.

[35] 王琳，王亮. 认知地图的神经环路基础 [J]. 生物化学与生物物理进展，2017（3）：187-197.

[36] 叶澜. 深化儿童发展与学校改革的关系研究 [J]. 中国教育学刊，2018（5）：3.

[37] Newcombe NS. Navigation and the developing brain [J]. The Journal of Experimental Biology, 2019 (222): 186460.

[38] 钟暗华，许波. 进化心理学的回顾和展望 [J]. 心理研究，2016（6）：41-45.

[39] 尚玉昌. 动物行为研究的新进展（四）：食物贮藏与计划未来 [J]. 自然杂志，2012（3）：157-160.

[40] 尚玉昌. 动物行为研究新进展（三）：动物行为的神经生物学基础 [J]. 自然杂志，2012（1）：29-31.

[41] 胡晏雯. 比较心理学与习性学的比较研究初探 [J]. 牡丹江大学学报，2011（9）：104-105，108.

[42] 胡林成，熊哲宏. 数能力的模块性——Dehaene 的"神经元复用"理论述评 [J]. 华东师范大学学报（教育科学版），2008（1）：74-80.

[43] Jacobs Lucia F. The evolution of the cognitive map [J]. Brain, behavior and evolution, 2003 (62): 128-139.

[44] Jacobs Lucia F, F. Schenk. Unpacking the cognitive map: the parallel map theory of hippocampal function [J]. Psychological review, 2003 (2): 285-315.

[45] 张利燕. 个性的比较心理学研究 [J]. 心理科学进展，2003（2）：191-196.

[46] 陈杰琦. 对皮亚杰儿童认知发展理论的进一步发展——介绍美国发展心理学家费尔德曼教授几个关于认知发展的新观点［J］. 心理科学通讯, 1987 (6)：41-48.

[47] 王传东. 现代西方哲学对心理学的诘难及意义［D］. 西安：陕西师范大学, 2010：9-25.

[48] 牟炜民, 赵民涛, 李晓鸥. 人类空间记忆和空间巡航［J］. 心理科学进展, 2006 (4)：497-504.

[49] 田学红. 空间能力性别差异略论［J］. 山西师大学报：社会科学版, 2003 (3)：114-117.

[50] 熊哲宏, 李其维. "达尔文模块"与认知的"瑞士军刀"模型［J］. 心理科学, 2002 (2)：163-166, 253.

[51] 张爱卿. 教育心理学的历史发展轨迹及趋势［J］. 华东师范大学学报（教育科学版）, 1994 (3)：35-42.

[52] 苏彦捷. 今天的比较心理学［J］. 百科知识, 1994 (2)：18-19.

[53] 杨孟萍, 石德澄. 空间认知能力的测验研究［J］. 心理发展与教育, 1990 (4)：213-217.

[54] 罗伯特·费尔德曼. 费尔德曼发展心理学［M］. 苏彦捷, 等译. 杭州：浙江教育出版社, 2021.

[55] 周加仙. 教育神经科学的使命与未来［M］. 北京：教育科学出版社, 2016.

[56] 周新林. 教育神经科学视野中的数学教育创新［M］. 北京：教育科学出版社. 2016.

[57] 大卫·苏泽. 教育与脑神经科学［M］. 上海：华东师范大学出版社, 2014.

[58] Cheng K, Newcombe N S. Is there a geometric module for spatial orientation? Squaring theory and evidence［J］. Psychonomic bulletin & review, 2005 (1)：1-25.

[59] 张敏, 雷开春. 国外关于儿童学习研究的新进展［J］. 心理科学进展, 2002 (2)：178-184.

[60] 刘丽虹, 张积家, 王惠萍. 习惯的空间术语对空间认知的影响［J］. 心理学报, 2005 (4)：469-475.

[61] 林崇德. 儿童心理学手册 [M]. 上海：华东师范大学出版社, 2017.

[62] 裴蕾丝. 基于教育神经科学的数学游戏设计研究 [J]. 中国电化教育, 2017 (10)：60-69.

[63] Igloi K, et al. Sequential Egocentric Strategy is Acquired as Early as Allocentric Strategy: Parallel Acquisition of These Two Navigation Strategies [J]. Hippocampus, 2009 (12)：1199-1211.

[64] Marchette S A, et al. Cognitive mappers to creatures of habit: differential engagement of place and response learning mechanisms predicts human navigational behavior [J]. The Journal of neuroscience: the official journal of the Society for Neuroscience, 2011 (43)：15264-15268.

[65] Forloines M F, et al. Evidence Consistent with the Multiple-Bearings Hypothesis from Human Virtual Landmark-Based Navigation [J]. Frontiers in Psychology, 2015 (6)：488.

[66] Maguire E A, et al. Navigation-related structural change in the hippocampi of taxi drivers [J]. Proceedings of the National Academy of Sciences of the United States of America, 2000 (8)：4398-4403.

[67] Tolman E C. Cognitive Maps in Rats and Men [J]. Psychological Review, 1948 (4)：189-208.

[68] O'Keefe J, Dostrovsky J. The hippocampus as a spatial map [J]. Preliminary evidence from unit activity in the freely-moving rat. Brain Research, 1971 (1)：171-175.

[69] Loomis J M, et al. Nonvisual navigation by blind and sighted: assessment of path integration ability [J]. Journal of experimental psychology. Gen-eral, 1993 (1)：73-91.

[70] 过继成思, 宛小昂. 虚拟路径整合的学习效应 [J]. 心理学报, 2015 (6)：711-720.

[71] Hermer L, Spelke E S. A geometric process for spatial reorientation in young children [J]. Nature, 1994 (7)：57-59.

[72] Gallistel C R. Animal Cognition: The Representation of Space, Time and Number [J]. Annual Review of Psychology, 1989 (1)：155-189.

[73] Mullally S L, Maguire E A. Exploring the role of space-defining objects in con-

structing and maintaining imagined scenes [J]. Brain and Cognition, 2013 (82): 100-107.

[74] Epstein R A. Cognitive Neuroscience: Scene Layout from Vision and Touch [J]. Current Biology, 2011 (21): 437-438.

[75] Iaria G, et al. Cognitive Strategies Dependent on the Hippocampus and Caudate Nucleus in Human Navigation: Variability and Change with Practice [J]. The Journal of Neuroscience, 2003 (23): 5945-5952.

[76] 张红坡,邓铸,陈庆荣,等.阅读障碍者的视空间能力:补偿还是缺陷 [J]. 中国特殊教育, 2012 (1): 52-57.